HABANA VEGAS PRESENTS

CIGAR GUIDE FOR BEGINNERS

葉巻の美学

竹中光毅
TAKENAKA Koki
西麻布シガーバー兼シガーショップ
「ハバナベガス」オーナー

フォレスト出版

かくも奥深き葉巻《シガー》の世界へようこそ。

Grand
Nassau
San Salvador
2,017
BAHAMAS
Turks
Holguín
HISPANIOLA
Santiago de Cuba
HAITI
DOMINI
REP
Port au Prince
Kingston
ANTILLES
B B E A N

Tampa
Sarasota
Lake Okeechobee
Everglades
Key West
Florida Str.
Havana
BASIN
Yucatán Channel
Cancún
Cozumel
Vigía Chico
Chetumal
BELIZE
Belmopan
Trujillo
San Pedro Sula
Isle of Youth
Grand Cayman (U.K.)
JAMAIC
1640

RAMON ALLONES
HABANA

大願成就
目標達成
和
LANCEROS

知識じゃない、
流儀じゃない。
まずは葉巻に
火をつけてみ
ろ。

よく業界人が私に葉巻のうんちくをなげる。いやいや、こっちはプロ。あんたたちはシロウトでしょ。

PARTAGAS
FABRICA DE TABACOS

序文――

もうまがいものは、いらない。

はじめに言っておきたい。

私が扱う葉巻はキューバ産のみだ。

最近では、安価なドミニカなどの南米産のものや果ては東南アジア産のシロモノまで広まっている。それらはまだ良いが世界では売上を右肩上がりに伸ばし続けるキューバ産の葉巻には膨大な数のフェイク、ニセモノが存在する。

しかし、あえてもう一度、言う。

葉巻とはキューバ固有のものである。


なぜなら葉巻とはキューバの歴史そのものだからだ。

クリストファー・コロンブスにより新大陸が発見され、植民地時代を経て、葉巻はヨーロッパの王侯貴族たちに嗜《たしな》まれた。

のちにキューバには葉巻のブランドが数多く現れた。

「ラモン・アロネス」

「H・アップマン」

「バルタガス」

「オヨー・デ・モントレイー」

「ロメオ＆ジュリエッタ」

豊穣な香りと味わいで、世界中の男たちを魅了する老舗《しにせ》ブランドの数々。

社会主義革命後もそれらブランドたちは脈々と受け継がれ、開花し、今日に至っている。

前置きが長くなった。要するに、私はキューバとキューバの葉巻を愛しているのだ。

私にはもうまがいものは、いらない。

それは葉巻だけではない。私の人生にも、もはや余計なものはなにも必要ないのだ。

だから私は葉巻だけとともに生き、葉巻と死ぬ決意ができているのだ。

2020年4月、受動喫煙対策のため改正された健康増進法が全面施行される。これにより、専用喫煙室などのない飲食店では、喫煙ができなくなる。当然、葉巻愛好者も肩身の狭い思いをする。バーやレストラン、ホテルの飲食スペースなどでも気軽に葉巻を嗜むことができない。

法律にたてつくつもりはないが、こんなことで葉巻を嗜む人たちが、躊躇《ちゅうちょ》してしまうのはとても残念なことだ。こんな厳しい局面だからこそ、私はあえていま、葉巻の魅力を世に広めたいと思う。今回、本書を手がけたのも、その試みのひとつだ。

特に、私の狙いは、これから葉巻の世界に入っていきたいと心をときめかせている若者や入門者たちに、葉巻の愉しさを知ってもらうことにある。それには、本書で私の半生を知ってもらえばよい。なぜなら、**私の人生が葉巻そのものなのだから。**

葉巻の美学　もくじ

CHAPTER.1

MY WAY OF LIFE.

［第一章］

人生を識る。

私の銀座修業時代

求める人に葉巻を供する。それが私の仕事だ。

ずっと葉巻と生きていた。そしていまも葉巻と共にいる。中途半端な人生を私は好まない。葉巻といったら、葉巻、葉巻、葉巻だ。葉巻こそが我が人生そのものだ。

私は葉巻を愛しているし、葉巻を愛している人がいれば、その人たちに質の高い葉巻を供する。それだけだ。

こんなことを言うと、人はひるむ。「竹中は怖い」とよく人に言われる。葉巻バカも度を超すと、人は近寄りがたくなるらしい。

確かに、「ハバナベガス」の扉を開くのには勇気がいるかもしれない。私は葉巻愛好者を差別はしない。ただ少々区別はしている。

それが初心者であろうと、ベテランであろうと。

もちろん、ベテランにも言うべきことは言う。私は自分のスタイルを曲げてまで、葉巻を売りたいとは思わない。よく私にうんちくを語る人がいる。私はそれをじっと聞く。うんちくが正しいものであれば耳を傾けるし、異論があればそれを憶せず言う。

そんなスタイルでやっているから、これから葉巻をはじめたい人には、ちょっとハードルが高く感じられるようだ。店の前をうろうろしてなかなか入って来られない初心者もいるようだが、心配はいらない。**これから葉巻を愉しもうと志す人はある意味、戦友である。**そんな人たちには、愉しんでもらうことしか考えていない。私の**YouTubeチャンネル〝HABANA VEGAS［ハバナベガス］〟**をぜひ見て欲しい。私はいつも初心者が愉しんでもらえるコンテンツづくりを心がけている。特にその中でも、「**【葉巻生活】初めての葉巻の吸い方 ハバナベガス 竹中光毅**」(https://www.youtube.com/

watch?v=vjUgRh086tI）は必見だと思う。すでに再生回数も45万回を超えている。

私の使命の一つは、葉巻の魅力をこれからはじめたいと思っている人に広く伝えることだと思っている。YouTubeももちろんその一環だ。だからどうしたらたくさんの方が葉巻をストレスなく愉しんでもらえるかを考えている。

「青い稲妻」が現地に乗り込む。

私は葉巻を供するとき、タキシードは着ない。

かつて銀座時代はタキシード着用は必須だった。

しかし、いま、西麻布の私の店ではそのスタイルは採用しない。

私はいつも**ブルーのシャツとブルーのパンツ**で、みなさんにアテンドしている。

このブルーを人は**「タケナカブルー」**と呼んでいる。

少し光沢のある鮮やかなブルー。私はどこへ行くにもこのスタイルだ。もちろん、キューバへの買い付けの時もそうだ。このスタイルは現地の葉巻関係者の間でも有名だ。このブルーのルックスはみんなが覚えてくれている。

「オー、コウキ、よく来たな」とみんなが気さくに声をかけてくる。

そこが私の狙いでもある。現地の人が私を認知してくれれば、買い付け、契約がスムーズになる。**だから私は全身総ブルーのルックスでキューバに通う。YouTubeでもおなじみの私のマスコットである、青いダルマも連れていく**（巻頭口絵）。

現地のTシャツ店では、私が出向くと、「コウキ、新作が入ったぞ」とすぐに私に現地の青シャツを勧めてくる。うれしい限りだ。もちろん、葉巻についても同様だ。**「青い稲妻」**と呼ばれる私が現地に足を踏み入れれば、人々は私にこぞって新作葉巻を売り込みに来る。

Cuba

いかに良質な品を広く入手できるか、私の興味はそこにしかない。それには現地の人々とのコネクションが鍵となるのだ。

この本もある意味、初心者に向けた本だ。

だからまず最初に、私の葉巻との出会い、どうそれにとり組んできたか、そのルーツについて少し語りたい。どうかおつきあい願いたい。

思えば原点は、ヨーロッパにあった。

私は地方の県庁所在地がある町で生まれ、そこで高校まで過ごした。バスケットボールをやっていて、リーゼントを組み、ツイストを踊り、夜は軽く酒場にも顔を出すという、適度なワルとして育った。

よく親父の友だちがスキーにも連れて行ってくれた。スキーをやっていると海外のスキー場に憧れるようになる。カナダのウィスラー、フランスのシャモニー、スイスのグリンデルワルト。特に、グリンデルワルトに惹《ひ》かれた。アイガーの北壁やユングフラウやマッターホルンは大きな憧れだった。
高校を卒業するときに、その夢が叶《かな》った。ルフトハンザを使ってフランクフルトで乗り換え、チューリッヒへ。チューリッヒから鉄道でインターラーケンまで行ってグリンデルワルトで一週間スキーをして過ごした。そこからドイツに抜けてミュンヘンに。ミュンヘンではビアホールに通った。シュパーテン、アグスティーナケラー、ホフブロイハウス。

そうして私はヨーロッパに傾倒していった。ヨーロッパのカルチャーは私を魅了した。やはりゴシック建築には強い関心があり、ケルン大聖堂にはときめいた。また文学も愛した。特にゲーテ。『若きウェルテ

ルの悩み』の女々しさは好きだった。のちに何度かドイツに渡った。半年バックパッカーをしたこともあった。ジャーマンレイルパスとかユーレイルパスなどが流行っていた頃だ。いわゆるユースパスだ。

不思議なことに、現地の音楽には関心を示さなかった。

私の店はいまも無音である。音楽があるとなぜか集中力が途切れる。車を運転する際も音楽をかけたことがない。自慢するわけではないが、**私の集中力は半端ない。葉巻を扱うときに、音はまったく必要ないし、不要なのだ。**

当時から自分がやりたいことをやり抜きたいという志はあった。学生時代は勉強も大事だろうが、若いときにしかできないことにトライした方がいい。ひとりで半年もヨーロッパを回ったら、相当な経験ができる。金があればなんてことないが、持ち合わせも少ない。宿泊や交通費など、シャープに頭を働かせなくてはならなかった。それは私にとってとてもよい体験になっている。

酒をめぐる疑似世界旅行を愉しむ。

帰国後は海外体験などもあってか、旅行代理店に勤めたかった。世界中を飛び回りたかったのだ。しかし、その夢も叶わず、私はバーテンダーの道を選んだ。バーにはいろいろな国の酒がそろっている。いろいろな酒を学ぶことによって、いろいろな国のことがわかるようになる。そこが魅力だったのだ。ウイスキーはイギリス、リキュールはイタリア、フランス、ドイツ。シェリーはスペイン、ラムは中南米。要するに、**私はバーのカウンターの中で疑似世界旅行を愉しんでいたのだと思う。**

東京に出てきたのは、大学をやめた21歳の時だった。

ドイツから帰ってきて、すぐに東京に飛んだ。

バーテンダーを目指したものの、銀座でバーテンダーをやるのにはかなり

SEIKO
SEIKO
ASTRON
GPS
SOLAR
MIKIMOTO
MIKIMOTO
教文館

厳しい壁があった。当時のバーテンダーは紹介制だった。いまなら、求人に応募すればよいのかもしれないが、当時は非常に狭き門だった。

当時、バーテンダーといえば、まだエッジの利いた職業だった。若い人たちの中にはバーテンダーに憧れ、バーテンダーの道を歩みたがる子が多かった。それでいったん故郷に戻ったりもしたが、やはり**私は酒場の聖地、銀座で華を咲かせたかった。**

私は銀座のバーが掲載された書籍などを頼りに、直接、店の門を叩《たた》いた。書籍の情報を全部頭に叩き込んで、履歴書を手書きで5枚したため、ここぞというバーに直接出向いたのだ。いま思えば、私の選んだバーたちは銀座でも選《え》りすぐりのバーだった。銀座で15年凌《しの》いできたいま考えると、とても無謀なことだ。だが、それをしてしまうのが私だと思う。

熾烈な夜の銀座を生き抜く。

銀座の老舗バーをめぐったがどこも断られて、4軒目。「KOBA」のオーナーに履歴書を預けたら後日拾ってもらい、最初のバーを紹介してもらった。それが私の師匠の店「B―2」だった。

オーナーの池本さんは、帝国ホテルやロンドンで超有名な「サヴォイ・バー」などで腕を鳴らせた方だが、バーテンダーとしては絵に描いたような威厳のある人だ。とにかく厳しい、怖い。まさにここそバーテンダーがしのぎを削る銀座なんだと襟を正す思いだった。職人気質《かたぎ》の方だから、若い女性客がカルーア・ミルクなど、ちゃらちゃらしたものを頼むとちょっと怖い感じになってしまう。

店がひまなときは、私は掃除ばかりしていたのを思い出す。同じボトルを何回も拭いてピカピカにして、逆にマスターに怒られたりもした記憶がある。そういう**理不尽な思いに耐えながら、ひとつひとつ教えてもらうのが銀座というところなのだ。**

それでも昔気質のマスターは、仕事が終わると必ず食事に連れて行ってくれた。そこでいろいろな店の先輩方を紹介してもらって人脈を広げていった。そのとき知りあったのが、「銀座の顔」、業界では知らない人はいない「BARエルロン」の佐藤喜代八さんだ。佐藤さんは帝国ホテルの出身で、銀座の老舗レストランバー「キングジョージ」のマスターだった方だ。血統的には最高峰の道を歩んできている。

私はちょうどその頃、師匠の池本さんと些細《ささい》なことから行き違いになり、店を辞めることになったところだった。ある日、佐藤さんから電話がかかってきた。「竹中、おまえ、何分で銀座まで来れる？」と。慌ててスーツを着て、猛ダッシュで銀座に駆けつけた。そこに待っていたのが、私を葉巻の世界へと向かわせた「銀座池田」である。

「お言葉ですが」と戦いを挑む新人。

面接官は社長の奥様のマダム。

当時、マダムは元大手企業出身のキャリア・ウーマンで、全店舗のトップを仕切るマネジャー。とても厳しい方だ。私は当然不採用になる。しかし、佐藤さんの顔も利き、池田では異例のアルバイト採用となった。年間50人採用しても、その厳しさから1人が定着するまでに、40~50人は辞めていくという世界。私もそのうち、音を上げるだろうと踏まれていたようだ。ところが**私は、根性を決めて堪えきった。**結局、私は「銀座池田」に6年間勤め上げたのだ。

© Stukkete / shutterstock.com

私は「銀座池田」でもイエスマンではなかった。**生意気にも常にマダムに戦いを挑んでいた。**店のスタッフの8割はマダムの言いなり。残る2割は**「お言葉ですけど、マダム」**と歯向かっていくタイプ。私はその2割の方だ。

まあ、たいがいがこてんぱんにやられた。しかし、もともとが勝てるとは思っていないから、言いたいことだけは言ってやろうと反抗する。一、言ったら、十、返ってくるだろうなと思いつつ。ところが、十どころではない。三十は返ってくる。接客以前の話からそうだ。フードの盛り付けから、お花の飾り方まで。至るところで激突した。売り上げにしてもそうだ。「銀座池田」はモルト・バーの店だ。会計は安くはない。そこは厳しくジャッジされる。

マダムに教わったことは、お客様に頼まれるバーテンダーで終わってはいけないということ。お客様をエスコートして、ある意味、イニシアティブを取るように叩き込まれた。たとえば、「銀座池田」はシャンパンとキャビアでスタートした店だから、お客様に「なになさいますか」とお尋ねする前に、「よろしかったら、乾杯で一杯目にシャンパンはいかがですか」と提案するなどだ。これは読者の方々にも知っていて欲しい。一流店で最初にビールはない。銀座の一流店とはそういうところだ。

マダムと社長にはお世話になり、ずいぶんとかわいがってもいただいたが、「銀座池田」で過ごした二十代はあまりに過酷すぎて、ほぼ私の記憶から抹消している。

「あいつ、誰？」は最悪のバーテンダー。

さて、前置きが長くなった。では、葉巻の話に移ろう。

銀座でダメなバーテンダーとはどういう存在か。

「あいつ、すごいね」はもちろんほめことばだ。

「あいつ、ダメだな」はいただけない。

しかし、最もダメなバーテンダーとは、「あいつ、誰だっけ？」と言われることだ。つまり存在すら認知されていないやつだ。

「あいつ、いたっけ？」は最悪だ。

若いうちは、お客様に悪口を言われるぐらいがちょうどいいのかもしれない。

銀座という場所は、当然過酷であるから、おまえらはゴミでもカスでもないなどと言われることもある。**ゴミ・カスならまだ存在するけれど、おまえらはまだ存在すらしていない、**などとよく言われたものだ。お客様にも似たようなことを言われる。稼いでいないやつは人間でもないなどと。

当時はバーテンダーとして、スペシャリストになれ、とか平均点を取りに行くなと言われたが、それでもなおかつ銀座のバーテンダーとして、最低ラインはクリアしておかなければならない。

ウイスキーの知識、ワインの知識、カクテルの知識、接客など、平均ラインが3としたら、満点の5をひとつはもっていなくてはならない。つまり何かに突出したバーテンダーであることが求められるのだ。

私をかわいがってくれたお客様、スタッフ、みなさん私を人間じゃないと言った。すでに店にはスペシャリストがたくさんいた。カクテルのスペシャリスト、ワインのスペシャリスト、モルトのスペシャリスト。たとえば、酒においても、ブランデーだったらあいつだ、とか、バーボンだったらあいつだ、とか。抜きん出た才能があるわけだ。私が先輩たちの力量をざっと見渡**したとき、空いていた穴がひとつだけあった。それが葉巻だった。**

ライバルに打ち勝つ盲点としての「葉巻」。

葉巻が空いていた理由はある。葉巻の代金というものは、バーでは基本、立て替えになる。

酒は1万円で買って5万円で売ることは可能だが、葉巻は3000円で買ったら、3000円で売らなくてはならない。つまり1円も儲《もう》からないのだ。日本の法律上、葉巻には利益を乗せてはならない。そのため、嗜みとしては葉巻を覚えろとは言われたが、それをメインテーマにするバーテンダーは存在しなかった。もちろん、先輩方も葉巻には詳しかった。私の先輩で葉巻に詳しくない人はひとりもいない。しかし、酒の詳しさと比較するとその領域はまだゆるかった。穴はここだ、と思った。

葉巻コンクールに破れたとき、我が店を仕切るマダムは言った。

「竹中、あなた、来年は圧倒的な力を持って優勝しなさい」

会場を去る直前に放ったその言葉は、場内と私を凍りつかせた。もちろん、その翌年には優勝したけどね。

店の看板に泥を塗るな。

私はそこに狙いをつけた。

「銀座池田」に飲みに来るお客様の中でも、葉巻を嗜む人たちは突出して恰好のいい人たちだった。知る人ぞ知る一部上場企業の社長さんたちが、田舎から出てきた私のような者の名前を覚え、かわいがってくれるのは私にとっては大きな喜びだった。

生半可な勉強では、並みいる強敵たちには勝てない。だから私は気迫と根性で勉強を続けたのだ。

私は急激に頭角を現した。

「銀座池田」在籍2年目には、帝国ホテルで行われたシガー・サービスコンクールに出場できたのだ。

私はマダムに名乗り出た。コンクールに挑みたいと。マダムには当然のごとく、こんこんと説き伏せられた。「あなたみたいな2年目の小僧が出る幕ではない。あなたが参加するということは、店の看板を背負うということなのよ。出場したら負けてはいけない。記念受験などもってのほか」だと言われた。

確かに私が出て負ければ、店の看板に泥を塗ることになる。マダムはかたくなだった。

ところが、ふっとマダムが思い直したのだ。

「まあ、そうね。あなたはまだ小僧で丁稚《でっち》だし、カクテルを作らせているわけでもない。あなただったら、若手が勉強のために出ました、で済むかもしれない。あなたはうちの子ではないから。池田の子ではないからね」

コンクール出場の結果、私は途中で敗退した。

この話にはちょっとおもしろい逸話がある。

試験内容は筆記、ブラインド・テスト、実技だ。まず私は筆記試験を突破する。

次にブラインドでは、壇上に10人上がって実施される。そしてブラインド通過者3人が葉巻のアテンドの実技に移る流れだ。

そのとき、私は「銀座池田」に勤めて1年半あまり。葉巻をお客様に供するという実技の経験がまだなかった。いつも強気な私もさすがに自信が持てなかった。だが、マダムの手前、負けるわけには絶対にいかない。もし無残な敗退をしたら、店に帰ってマダムにどれだけ怒られるのか計り知れない。


そこで私はブラインド・テストの段階で敗退したほうがまだ傷が浅いと判断して、わざとテストを間違えるのである。コイーバなどメジャーなものは当てる。そしてみんなが間違えそうなものを……当然、私は正解を知っているが、あえて外したのだ。

私は給料のほとんどを葉巻につぎこんでいた。ブラインドを外すはずがないのである。

それを私はあえて間違えてみせたのだ。間違えたとき、壇上からマダムの顔が見えた。ものすごく怖かったのを覚えている。

ところが、私と一緒に参加していた先輩たちはことごとく筆記試験で敗退していたのだ。先輩方は残念ながら、店の看板に泥を塗ってしまった。そうしたら、相対的に私の評価は上がっていた。「竹中、よくやった」と。

決勝戦まで観戦して、優勝のトロフィーを見たとき、負けても戦っておけばよかったとちょっと後悔した。ブラインド・テストを通過していたら、最低でも3位。とにかく賞品がすごかった。それに壇上に入賞者として立ってみたかったという憧れもあった。そこから、私は、その翌年、その翌々年と勝負を続けていくことになる。

LIXIL
三菱東京UFJ銀行
銀座アスター
KIRARITO GINZA

［第一章］
人生を識る。私の銀座修業時代

© MAHATHIR MOHD YASIN / shutterstock.com

葉巻が脚光を浴び、競争が激化する。

その翌年は結論から言えば、筆記試験で落ちている。

「竹中、おごったな」と社長から言われた。それは私も認めるところだ。筆記は絶対通ると私自身も思い込んでいた。しかし、思わぬラッキーな誤算もあった。私の後を後ろから追いかけてきたワイン担当先輩が、そのとき優勝を飾ったのだ。やはり「銀座池田」の底力はすごい。愛社精神とは言わないまでも、全国から強豪が集うこのコンクールで、先輩が私を追い抜き優勝したのだ。私はそれを誇りに思った。そして優勝した先輩に注目が集まったことから、マダムの私への叱責はなかった。そうなると、なぜか私にも悔しさが残った。

そしてその翌年。

前年に先輩が優勝しているので、マダムもがぜん乗り気なわけだ。これからはわが「銀座池田」は、葉巻だ、と。みんなで葉巻をさらに勉強して、銀座一の葉巻の店にしようと勢いに乗りはじめた。そしてバーテンダー全員がコンクールに出ることになるのだ。私にとっては追い風のはずであったが、一方で、全員でとり組むことから、店の中での競争も激化することになった。みんなで切磋琢磨して、個人のレベルも店全体のレベルも向上していった。

その年のコンクールは「ホテル・ニューオータニ」で開催された。

結果を言えば、「銀座池田」のなかで決勝に進んだのは、当時のゼネラルマネジャー、つまり店のトップと私の2人だけだった。

夜の銀座のど真ん中を生きる。

その年にはすでにコンクールも大規模になっているから、決勝進出者は合計10人。そのころには、私もかなりとんがって勉強していたし、実際にお客様にも葉巻を供していたのでかなり自信もあった。だが、最後には先輩に敗れた。先輩が優勝、私は準優勝となったのだ。

全国から強者が集まった中で、「銀座池田」でワン・ツー・フィニッシュ。当時はかなり批判的な意見もあった。全国から選ばれたバーテンダーの中で、なぜツートップが「銀座池田」のメンバーなのかと。全国のバーテンダーの支援者たちはわざわざ応援にかけつけている。それなのに、東京の同じ店から二人とはいかがなものか、と。

たいへん恐縮です、と頭を下げまくるのだが、内心ではほかの連中に負けるわけはないという自負もあった。なにしろ、**私は銀座の酒場のど真ん中を生きてきた人間だ。銀座の第一線でしのぎを削ってきた私が、そう簡単には負けるわけにはいかないのだ。**

一流の嗜好品は本場でつかみ取れ。

コンクールで準優勝して、私の初のキューバ行きが決まった。

「銀座池田」のカルチャーとして、**本場で本物を知らないと、それを語ってはいけないと**いうものがある。これはマダムの持論だった。

マダムはかつて大手企業の物販担当をしていたが、香水を扱うためにやはり本国のフランスへ香水の勉強をしに出向いた。だから、スコッチを売るならスコットランドへ、コニャックを売るのならフランスへ、バーボンを売るにはアメリカへと、私たちを飛ばす心意気を持っていた。

だから、葉巻を扱うなら、キューバへ行けというわけだ。

だいたい、「銀座池田」で海外出張となると、十年選手が選ばれる。

それだけのキャリアが問われるのだ。その年も順当に行けば、コンクールに優勝したゼネラル・マネジャーが行く予定だった。しかし、マダムはゼネラル・マネジャーをドミニカに、私をキューバに向けると決めた。

竹中は小僧だが、準優勝しているし、勉強のために思い切って行かせることにしたというシナリオだ。そうして私は入社3年目でキューバに出向くことになったのだ。今年の8月で58回目になるキューバ。その記念すべき1回目が決まったのだ。

600万円の売り上げが26歳のわがミッション。

ところがキューバ行きも一筋縄ではいかなかった。

「あなたは若いし、昔、バックパッカーもやっていたんだから、全部ひとりでできるでしょ」とマダム。

通常は2人一組で向かうはずの海外出張を私ひとりでこなせというのだ。

「あなたなら2人分の仕事をひとりでできるでしょ」と。そして150万円を渡され、「これであなたが売り上げられる商品を買ってきなさい」と言われた。

キューバに行って、なにが売られていて、なにを買ったら売り上げが立つのか……もちろん誰も教えてくれない。**自分で考えろ、ということだ。150万円で仕入れ、店では600万円の売り上げをあげなくてはならない。それは私のミッションだ。**

すでに先輩たちが開拓している銘柄もある。先輩たちに買ってこいと頼まれた銘柄もある。それで少しはカバーできる。

だが、私としては、**キューバに行って、私の爪痕を残したい。私だからこそ、私にしかできない仕入れをしたいのだ。**

私はキューバシガーの団体が主催するパッケージ・ツアーに便乗した。

同乗者は葉巻を勉強したい飲食店の人や葉巻が大好きな企業の社長さんが集っていた。そこで私は、いまも親しく交流させていただいている関西の葉巻王・シガーバー「エドモンダンテス」の金城さんと出会う。のちに、「西の葉巻王・金城、東の竹中」などと言ってくださる人もいた。私としてはとても光栄な話だ。

若い時代に切磋琢磨した先輩や仲間といまもつながっていられることはうれしい。金城さんはもちろんだが、元帝国ホテル大阪の出身で彦根の「サロンバー・シスル」の宮下さんほか、葉巻好きの医者や、建築関係の経営者などの男女といまもおつきあいをしている。

羽田を出て、トランジットでトロントに一泊。トロントでは仲間同士で熱い葉巻トークを繰り広げたのを思い出す。

みんな葉巻に関してはプライドがある。激論が進むとケンカにまではいかないまでも一触即発の緊迫した雰囲気になることもあった。

自己紹介の際、みんな年齢は言わないから相手の立場の探り合いだ。実は私が一番若かったのだが、一番生意気だったため、みんなが私を金城さんと同じ歳ぐらいに見ていたようだ。

ゲバラ以上にフィデルという人物に傾倒す。

キューバに行くなんて、一生に一度だと思っていた。まさか58回も足を運ぶなんてその時は思いもよらなかった。

キューバ最初の旅は私にとって思い出深いものとなった。

150万円の仕入れ金を600万円にするというミッションは当然過酷なものだったが、いまでも記憶に残っているのは、絵はがき1000枚をお客様に書いて送るという仕事だ。さまざまなイベントの合間に手紙をしたためるのだが、結局、4日で総睡眠時間は3時間を切っていた。

キューバはとにかく暑い。赤道より北部に位置しているので、一応、四季はある。だがこれだけキューバを訪れていてもその違いが分からないほど暑いのだ。

キューバに着いて真っ先に行った、初めての革命広場は感動的なものだった。キューバの革命家、エルネスト・チェ・ゲバラ（1928～1967）の顔のモニュメントがある場所だ。いまでは、100回以上訪れている。オリバー・ストーンの名作映画『コマンダンテ』の主人公にもなった、かの偉大なるフィデル・カストロ（1926～2016）の葬儀の際には、150万人以上のキューバ人が献花に訪れたといわれている。教育費や医療費の無償化ほか、さまざまな施策で国民に愛された伝説の革命家だ。**フィデルのおかげで、音楽、葉巻、モヒートなど私たちは極上の悦《よろこ》びを味わうことができたといっても過言ではない。**

私はゲバラも崇拝しているが、それ以上にフィデルを愛してやまない。

CHE
CASTRO

フィデルは国民を守り続けた。**フィデルは自分の死後、自分の肖像が偶像化されるのを嫌い、これを法律にまでした。**政治的な意図ももちろんあるだろうが、そういうところが私にとってはヒーローたる所以《ゆえん》のひとつである。

いきがって歩いたレッド・カーペット。

私はハバナのマレコン通りにある「メリアコイバ」に宿泊した。ハバナには珍しい高層ビルで、部屋からハバナが一望できた。そしてその夜、シガー・フェスティバルのオープニング・パーティーに向かったのだ。**ゴージャスなパーティーは26歳の若者にとってはまばゆいくらいに輝いて見えた。**

私はタキシードを着て会場を訪れた。コロニアル風の建築物の入り口にはレッド・カーペットが敷き詰められ、カーペットの両側には、ドレスを着た金髪の女性たちがずらっと並んでいた。入場するとき、新作の「コイーバ・マデューロ5」が手渡され、私はそれを吸いながら、思い切りいきがってレッド・カーペットを歩いた。

怒濤《どとう》のような一夜が明けると、翌日から、私たちは視察に出かけた。キューバの葉巻の生産地には、ヴェルタ・アバホを筆頭に、セミ・ヴェルタ、パルティド、レメディィオス、オリエンテなどがある。その中でも、極上の葉を生産するヴェルタ・アバホに向かった。昼食後は、人生初のピニャコラーダを堪能した。

H・アップマンの工場を見学したり、もちろん世界最高のコイーバを産出するエルラギート工場にも出向いた。夜には、キューバの夜の代名詞である、キャバレー・トロピカーナにも足を運んだ。

はじめてのキューバ。たったひとりでの買い付け。

そしてその旅の**最大のミッションである仕入れに挑んだ。**

いまの時代なら、経費で研修旅行などは当たり前だが、当時のバーテンダー業界では、自腹で渡航して勉強するのが当然の時代だった。だが、あえて私は言いたかった。**自腹なんてお気楽だ。私は600万円の売り上げを背負わされてての仕入れである。26歳、はじめてのキューバにて、ひとりで買い付けだ。身が切れるような思いだった。**

私の目当ては、キューバの砂糖10キロ、コーヒー豆5袋、ハバナクラブ15年24本と大量の葉巻だ。葉巻はいまほど仕入れが複雑ではなく、キューバの葉巻屋で電卓を片手に日本との内外差を計算して、利益が取れるかどうかを算段。葉巻たちを拾っていくやり方だ。

ナイフ片手に片っ端から箱を開け、ラッパーがマデューロ気味の黒いヤツを探し出す。


当時は、マデューロラッパーが流行《はや》っていて、黒光りしている葉巻が良いとされていた。ちなみに、この当時から、コイーバは仕入れ品から除外していた。理由はいまも昔も同じ。つまり儲からないからだ。現地価格が高すぎて、日本との内外差が取れないのだ。


そのとき、私が選んだラインナップはこうだ。モンテクリストNo・5、バルタガス・セリーNo・4、H・アップマン・ペティコロナ、H・アップマン・コネスールNo・1、クアバ・ディビノス。

いたって普通のラインナップである。いまなら見向きもしない葉巻たちだ。

それにしても、キューバでいちばんの問題は、違法葉巻が横行しているた

闇葉巻屋が横行するハバナだが、葉巻屋も毎日毎日、声をかけても、ついてくる客はひと月に一人か二人らしい。オーケー、ついていくよ、と私が応じたときのあのキューバ人の晴れやかな顔。あんなに喜ばれるなら、怪しい話にも耳を傾けたくなるよ。

め、いわゆるキューバ政府発行の領収書を書いてもらわないと、国外に持ち出せないことだ。

大量に買うのはいいが、かなりの時間を要するし、きちんとした数を申告しないと、個数が合わない場合、税関に没収される。

仕入れは過酷を極めた。モヒートなどに使う砂糖10キロとハバナクラブ15年、特に砂糖がないのだ。

同行したほかの仕入れ担当者は右往左往した。砂糖がない。これは後日談だが、全部私が先に買い占めていたのだ。みんなが探してもあるわけがない。ラムはヨーロッパの免税店やデパートに大量に納入されてしまった後だった。

私は行く店、行く店で一本一本買い漁《あさ》った。最後は飲んでいたバーのバックバーにある在庫まで買い占めた。当時はそれらを羽田から新橋まで電車で運んだのが懐かしい思い出だ。誰も迎えになんか来てくれない。全部運んだのを覚えている。

おれのカクテルは、おれのカクテルだ。

この最初のキューバ渡航の思い出の最後を、バーの話で締めくくりたい。ヘミングウェイが通い愛したといわれる偉大なバー「ボデギータ・デル・メディオ」。

ハバナの旧市街オールド・ハバナにいまも店を構える。ここは現地では、いわゆる定食屋にあたる。

「ボデギータ」は広いレストランだが、入り口にあるウェイティング・バーが有名で、たいへん混み合っている。

6畳弱のカウンターに、S字状に8席が設けられている。狭い空間に、バンドが入る。はじめて行ったときは、レストランでこれぞキューバ料理という定番料理を食した。味のことはあまり語りたくない。入るときが最高にエキサイティングで、出るときは失望感で一杯になる。それが「ボデギータ」だ。

レストランは1階と2階があるが、1階の奥の個室にてみんなでランチをとりつつ、モヒートを味わった。料理そっちのけで、本場のモヒートを分析した。砂糖の分量、レモンの配分、ミントの質などを議論した。

私はかつてバーテンダーだったわけだが、日本人バーテンダーたちのこういうところは苦手だ。カクテルの話をするプロたちの専門的な会話ほど退屈なものはない。キューバまで葉巻と酒を学びに来ている連中だから、真剣になるのはわかる。**しかし、カクテルとはバーテンダーそれぞれ、個々人が追求するものである。おれのカクテルはおれのカクテルなのであって、別に他人と情報を共有するものではない。**

葉巻の国が禁煙という悲劇。

話を「ボデギータ」に戻そう。

店内は世界中から訪れた旅行者による落書きだらけだ。何度となくこの店に通い詰めている私だからわかるが、落書きで一杯になると、上からペンキで塗ってまた落書きスペースを作っている様子だ。私もこれまで何度となく書いているが、すべて消されてしまうので、**最近は脚立を持ってきて、天井に書いてやった。**まさに落書きの攻防戦だ。

私が落書きをしている最中に、みんなはモヒートの分析に余念がなかった。

しかし、シンガポールの「ラッフルズ・ホテル」と同じで、「ボデギータ」のカクテルはその都度味が違うし、正直、日本の方がうまい。それがキューバであり、キューバの愉快なところだ。

LA BODEGUITA
DEL MEDIO
COMIDA CRIOLLA
Y SUSTRAGOS EN
LA BODEGUITA
DEL MEDIO
HABANA
CUBA
© Toms Auzins / shutterstock.com

LA BODEGUITA
DEL MEDIO
HABANA
CUBA
COHIBA
13.00
11.00
10.50
LA BODEGUITA DEL MEDIO
GENERAL ELECTRIC
© Kamira / shutterstock.com

© Javier gonzalezleyva / shutterstock.com

© Anton_Ivanov / shutterstock.com

フォレスト出版　愛読者カード

ご購読ありがとうございます。今後の出版物の資料とさせていただきますので、下記の設問にお答えください。ご協力をお願い申し上げます。

● ご購入図書名　「　　　　　　　　　　　　　　　　」

● お買い上げ書店名「　　　　　　　　　　　　　　」書店

● お買い求めの動機は？

1. 著者が好きだから　　2. タイトルが気に入って
3. 装丁がよかったから　　4. 人にすすめられて
5. 新聞・雑誌の広告で（掲載誌誌名　　　　　　　　）
6. その他（　　　　　　　　　　　　　　　　　　　）

● ご購読されている新聞・雑誌・Webサイトは？

（　　　　　　　　　　　　　　　　　　　　　　　）

● よく利用するSNSは？（複数回答可）

☐ Facebook　☐ Twitter　☐ LINE　☐ その他（　　　　　）

● お読みになりたい著者、テーマ等を具体的にお聞かせください。

（　　　　　　　　　　　　　　　　　　　　　　　）

● 本書についてのご意見・ご感想をお聞かせください。

● ご意見・ご感想をWebサイト・広告等に掲載させていただいてもよろしいでしょうか？

☐ YES　☐ NO　☐ 匿名であればYES

郵便はがき

料金受取人払郵便

牛込局承認

1013

差出有効期限
令和3年5月
31日まで

162-8790

東京都新宿区揚場町2-18
白宝ビル5F

フォレスト出版株式会社
愛読者カード係

フリガナ お名前	年齢　　　歳 性別（ 男・女 ）
ご住所 〒 ☎　　（　　）　　FAX　　（　　）	
ご職業	役職
ご勤務先または学校名	
Eメールアドレス メールによる新刊案内をお送り致します。ご希望されない場合は空欄のままで結構です。	

フォレスト出版の情報はhttp://www.forestpub.co.jpまで!

キューバで、いや世界でいちばん有名なバー「フロリディータ」の料理なども同じだ。ダイキリとヘミングウェイで有名なこのバー、当時はどの店も、扇風機しかなく暑さに耐えねばならなかったのだが、「フロリディータ」にはエアコンがあった。近年、さらに観光地化が加速して、店内は禁煙となった。葉巻の国キューバでいちばん有名なバーが禁煙なのである。エアコンのフィルターが汚れるというのがその理由だ。

とても信じがたい話である。

金は全部仕入れ切れ、の指令。

さまざまな出会いや発見のあったはじめてのキューバだった。

帰国の朝、死に物狂いで書いた絵はがきも無事1000枚を書き終える。すべての仕入れを終えたのを確認して、「銀座池田」に報告の国際電話をかける。

収支の報告をすると社長が私に「**タケナカクン、金なんか持って帰って来ても金にはならないから使い切るまでなんか仕入れて来なさい**」との言葉。いま思えばうなずける話である。

しかし当時は、ひとりなのにこれ以上持てないですよという思いが先にあった。私の返事は「かしこまりました」の一択だ。最後のキューバを噛みしめるのに風が心地のよい、ホテル前のマレコン通りを散策した。

爽やかな朝、海、葉巻。私は最高の気分を味わっていた。海を見つめながら吸う葉巻。**しかし頭の中では、どのような方法で荷物を日本に持ち帰り、どのように売り上げに変えていくかの思いが去来していた。日本には帰りたくなかった。**

当時のキューバの空港はいまほど店舗などもなく、空港内には小さな免税店と民芸品屋が置かれている程度だった。

当時は出国する際に25ペソを支払い出国することが決められていた。その後の渡航で現金をすべて仕入れにつぎこんで、この25ペソが払えなくて、キューバの友人に借りたことがあった。キューバ人に金を借りるのはタケナカぐらいだと苦笑されたのは懐かしい思い出だ。

荷物を預けるとき、荷物の個数も重量も軽くオーバーしていた。同行していた大学病院のサルサ大好きな女医さんに、夫婦ということにして

もらい、2人でカウンターに行き、超過した分の追加の支払いを逃れた。出国審査を抜け、残った現金を使い切るべく免税店へ向かうが、もちろんお土産を買うためではない。なんとか売り上げになりそうなものを買うためだ。

キューバの扉、ここに開かれる。

荷物は想像を超えて重かった。

しかし手持ちの金で金目のものを買いまくっていたら、税関からの呼び出しがきた。館内アナウンスで何度も名前を呼ばれる。**こののちも幾度となく戦いを挑むことになる、はじめての税関での攻防だ。**税関の中では荷物を開け、領収書と葉巻の数を照らし合わせ、確認される。数が合わないとすべて没収されるのだ。のちの渡航で一度だけ全部葉巻を没収されたことがあったが、すぐにキューバに戻り、取り返した。

はじめての税関での洗礼は、そののちの仕入れに比べると数量も少なかったためか、それほど激しい戦いではなかった。

いまでは税関で気軽に名前を呼ばれるまでに成長している。税関の職員と日本のアニメや海外でも話題のドラマ「おしん」について語り合う間柄だ。

税関を抜けて、飛行機に乗る合間に、最後の葉巻に火をつける。当時はなんと空港ロビーでも葉巻が吸えた。搭乗口の前で葉巻を存分に吸うことができたのだ。いい時代だった。今はもちろん全館禁煙だ。

最後の葉巻を吸い終えて、カナダ・トロント行きの飛行機に乗る。思い出深い最初のキューバ旅だった。私のキューバ人生のすべてがこの旅から始まった。現在、私は58回目のキューバ渡航を終えている。旅の思い出深いエピソードは私のブログにも綴《つづ》っている。

キューバの有名なラムを輸入販売しているメーカーの主催するモヒートコ

ンクールに優勝してキューバに招待されたこともあった。
ユニークな部下を引き連れ、仕入れの基本を叩き込んだ珍道中もあった。
銀座の最後の店を解雇されたのちに、向かったキューバの旅も忘れがたい。

私はシガー・サービスコンクールに何度か挑み、準優勝や、初戦敗退なども経て、銀座で三軒目の店にいたとき、優勝を果たした。優勝したときの話はあえて語らないことにしよう。なぜなら、我ながらそれは完璧な所作であったし、いまさら語るべきことでもない。**優勝を果たしたあとの私の葉巻に対する姿勢は、私の店で確認できる。ぜひ私の店を訪れて欲しい。**

この本で再三、私は強調しているが、私は葉巻を愛する人ならば、誰も拒まない。知識があろうがあるまいが、そんなことはまったく関係ない。人には2種類しかいない。**葉巻を愉しんでいるか、そうでないかだ。**

CHAPTER.2

ENJOY TODAY.

［第二章］

いまを愉しむ。

「ハバナベガス」とハバナ

ハバノス・フェスティバルは波乱の幕開け。

私の数あるキューバの旅については語り尽くせないが、最近の動向を少し報告しておこう。

今年、2019年、私にとっては記念すべきキューバ渡航50回目を迎えた。すでに58回目を迎えているが、この50回目はたいへん思い出深い。なにしろ、年に一度、キューバの葉巻のイベントとしては最大の行事、ハバノス・フェスティバルに参加したからだ。

しかし、出だしでちょっとしたアクシデントがあった。愉快な話なので紹介しよう。

その日も、西麻布の自宅を出て羽田空港国際線ターミナルへ向かった。「ハバナベガス」のお客様ご一行と合流して、私はすでに使い慣れたエアーカナダのカウンターでチェックインした。日本での最後の夕食のはずだった。日本を出国して免税店エリアでキューバの人々への土産品を買い足した。飛行機が飛び立つ30分前、私はYouTubeチャンネルに短い動画をアップしようとした。**ところがパスポートが手元にない。**

エアーカナダのスタッフも巻き込んで探し回った。そしてキューバ行きの飛行機に乗り遅れた。パスポートを出国エリアでなくした私を残して、飛行機は飛び立っていった（のちにパスポートは税関で発見された）。

日本に再入国した私は、翌日の同じエアーを予約したがさらに事件は起きる。キューバに行くにはまずカナダ・トロントまで行き、乗り換えでキューバ・ハバナを目指す。

トロントまでの便はスムーズに取れたが、トロント〜ハバナ間が3日先まで予約がいっぱいだ。これはまずい。ハバノス・フェスティバルへの参加はもちろんだが、今回私は、お客様の葉巻専門のガイドでもあるからだ。

このままではお客様を数日間、現地に放置することになる。さらに夏も冬もキューバへ行くときは、私はポリシーとして鮮やかなブルーの半袖で半ズボン、下駄という奇抜なスタイルと決めている。この恰好でカナダに2泊することになる。

真っ青な半袖・半ズボンでマイナス20度の極寒のカナダに降り立つことになるのだ。

さらに葉巻の仕入れ用現金と自宅兼店舗の鍵を同行者に預けてあった。貴重品、自宅の鍵とともに私を置いてキューバへ旅立とうとしている。飛行機出発5分前になって、放心状態の私は気づいた。あ、金が無い。財布も現金も飛行機の同行者の鞄の中だと。急いでエアーカナダのスタッフに事情を伝えて、同行者から現金50万円だけを預かり、外へ持ち出してもらうのがやっと

もともと私はブルーという色が好きだが、伊達や酔狂で、キューバで青い服で武装しているわけではない。毎月やってくる全身ブルーの服に身を固めた男を覚えないキューバ人がいるだろうか。私にとってブルーの服はトレードマークであり、制服のようなものだ。

だった。
とりあえず予約できる便を確保した。航空券は、翌日のトロント行きとカナダに2泊した後の3日後に出るキューバ・ハバナ行き。いつものキューバ行きは、ほぼ手ぶらで手荷物のみで向かうのだが、今回は1年でいちばんホットな仕入れを起こす期間だ。葉巻関係者たちに配りまくる土産や物資も膨大だった。1年でいちばん熱い仕事を展開する1週間にパスポートを落とし、乗り遅れた上に、アテンドするはずのうちの大事なお客様だけを飛行機でキューバに行かせてしまった。

飛行機は行ってしまった。なすすべもない私は、羽田空港内にある「ロイヤルパーク・ホテル」に向かう。部屋に入り大の字になりこれからのことをシミュレーションした。何度考えても翌日まですることはない。カナダ・トロントに向かう飛行機の中にいるはずのお客様たちからメールが大量に入って来る。

「タケナカサン、飛行機乗れましたか？」「大丈夫ですかー？」と。

最近は、飛行機の中からでも金さえ払えばネットに繋がることができる。はるか太平洋上からたくさんメールが届いたのだ。

「すいません、私はまだ羽田空港です」と答えるばかりだ。情けない。まあとりあえず葉巻を吸おうと思うが、キューバに行く予定の私は、葉巻屋なのに葉巻を一本も所持していない。

葉巻なら西麻布の店に山ほどあるが、店の鍵もない。表に買いに行きたいが半袖半ズボンで、下駄履きだ。なすすべもなく、出発時の混乱でアップできなかった葉巻YouTube配信をする。

自分のYouTubeチャンネルを開いてみる。アップする予定から4時間も経っているのに、まだ待機中の方々が10人以上いた。なんとうれしいことだろう。

YouTube配信をはじめると、視聴者のみなさんが当たり前のような反応で迎えてくれる。

「あれ、タケナカサン何で日本にいる?」「あれ、キューバは?」「パスポート落としたんですか?」「見つかりましたか」などだ。

私は事情を放送の中で説明した。すると普段から懇意にしている方が奥様と2人で葉巻とラムを持って駆けつけてくれた。そう、彼らには先ほど、羽田空港まで送ってもらったばかりのご夫妻だ。1日2回羽田空港に来てもらうことになったのだ。たいへんありがたい話だ。

来てくれたからにはと、私はご夫妻3人でのライブ配信に臨んだ。

羽田空港には葉巻が吸える飲食店は1つもない。ご夫妻の奥様にビールを買って来てもらい、喫煙所で飲みながら葉巻を吸った。**私にとっては葉巻こそ人生。葉巻があれば人生はハッピーだ。どんな場所でも至福である。**

海外は室内禁煙だがオープンエアーでの喫煙縛りは緩い。日本は屋外の禁煙が先に進み、室内が禁煙になりつつあり、私たち葉巻吸いたちは、生息域を追われている。狼もこのように絶滅したのだろう。

多分この数年で葉巻喫煙は禁止になるだろう。そうなれば私は仕事を失い、また暮らす場所もなくす。

葉巻の本場のキューバでも禁煙の波は激しい。私もいつか葉巻のために国内から出て行くことになるだろうと思っている。

キューバに行けず、まさかの川崎厄除け大師へ。

翌日、YouTubeのリスナーさんが、パスポートをなくして乗れなかった哀れな私を川崎厄除け大師に乗せて行ってくれた。ありがたい。よし、じゃあと私は気力を取り戻して準備しようと、青い服をまた別の青い服に着替えた。

空港前交番待ち合わせだった。一応、15時50分まで開かないといわれていたがエアーカナダのチェックインカウンターを見に行った。すると後ろから声をかけてくる青年がいる。

「タケナカサンですか？」

「はい、タケナカサンです」

なんと昨日の私のYouTube配信を見てくれた新たなリスナーの青年だった。もしかしたら極寒のカナダに半袖・半パンで行くかもしれない私に、青いジャケットを持って、鳥取・米子から来てくれて、私に声をかけたのだ。これは感激して言葉もないほどだった。

米子の青年も連れて川崎厄除け大師に行くことになった。

YouTubeリスナーさんとわがハバナベガスの会員さんに合流して川崎厄除け大師に向かう。ほんとうにありがたい。羽田空港から川崎厄除け大師はさほど遠くなく、まもなく着いた。参道の仲見世をフラフラ歩き、切り飴屋やら、甘酒屋に声をかけられながら本堂に向かった。**あれ？　私は、確かキューバに行くはずだったのにな、と自分に苦笑した。**

再びYouTubeリスナーさんで、のちにわがハバナベガスの会員になられた方に羽田空港まで送ってもらう。後に米子の青年と2人になった。

エアーカナダのチェックインカウンターが開く。新たなる戦いの始まりだ。満席で変更できないと前日に言われたハバナ行きの航空券を何としても押さえなくてはならない。もしできなければ2日間、極寒のカナダでナイアガラの滝を見つめることになる。14時30分頃には、エアーカナダのカウンターに米子の青年と並び、そこからYouTubeの配信を始めた。

ゴッドファーザーゆかりの深夜の「ホテル・ナショナル」へ。

万事功を奏してキューバ・ハバナ行きの飛行機に乗り込み一路キューバへ。ビジネス席しか空いてなかったが搭乗。案外、狭いし、料理もたいして美味《うま》くない。

到着は、深夜1時になった。

アニメ大好きガイドのダイアナが迎えに来てくれていた。

苦節48時間やっとキューバに到着した。

深夜のキューバ・ハバナ・ホセマルティー空港。いつ来ても、真っ赤っかだ。キューバに来た感じになる。

ハバナにある数々のホテルに泊まった私が断言する。総合点でキューバ1

位のホテルは、「パルケ・セントラル」だ。私はホテルに向った。深夜3時の1日遅れてのチェックインだ。

訪れ慣れた行程のせいか、長旅だが疲れていなかった。部屋で1枚写真を撮ってから、先に着いていた関西の葉巻愛好家と合流した。

さっそくラムと葉巻を飲むため、深夜タクシーを飛ばす。あのゴッドファーザーで有名な「ホテル・ナショナル」に向かう。**深夜のマレコン通りから「ホテル・ナショナル」までの光景はまさにキューバそのものの壮観さだ。**

到着したのは、早朝の4時だった。

エントランスで私の到着を知人が待っている。私が間に合わなかったハバノス・フェスティバルのウェルカムパーティーで配られた葉巻を彼から受けとる。

お客様たちに遅れること10時間。新作の葉巻に火を入れる。とうとう吸え

TAXI

た今年の葉巻。ウェルカムシガーは、「サンクリストバルデラハバナ500周年記念葉巻」だ。

オープニングには間に合わなかったものの、極上の味わいを愉しむ。まずはセルベーサ・クリスタル、キューバビールをチェイサーに、待ちに待ったキューバラムを飲む。早朝からだったが、朝食の時間まで飲み明かした。知人と早速、葉巻の話で盛り上がる。2時間ほど飲んだか。楽しい時間を過ごし「パルケ・セントラル」に戻る。

朝食会場に着いた私は、先に到着している皆様に遅延のお詫びをしてまわった。彼らは、いやいや大変だったねと、あたたかく対応してくれた。

私は一日遅れを取り返すべく、まずはいつもと同じ両替所で換金する。また来たのか？　といつもそこにいる両替所の女性に目をしばたたかれた。月一のサイクルで、キューバに訪れる私を不思議がるのも当然だ。

満を持してわがベストプレイスである、ホテル「コンデ・デ・ビジャヌエ

FESTIVAL
DEL
HABANO

バ」のシガーショップに顔を出す。

このホテルでは、フロントからセキュリティー、ベッドメイクのお姉さん、さらにはトイレの清掃員まで、私の顔を覚えている。みんなニヤニヤしている。全員がすでにパスポートを落として飛行機に乗り遅れたことを知っていたのだ。

私はここに宿泊しているわけでもないのに、至れり尽くせりのサービスを受ける。2階にあるシガーショップ兼シガーバーに顔を出す。私の顔を見るやいなや大爆笑が起きる。「コウキー、パスポートはあるか？」ときつい突っ込みを受け、**この店のマスター・トルセドールであり朋友のレイナルド・ゴンサレスの特別な葉巻に火を入れる。ちなみにこの店はわが家族同然の扱いで迎えてくれる。**葉巻もラム、ビールもフリーサービスだ。

葉巻とラムをめぐる悦楽に酔う。

キューバの葉巻仕入れはカードは使わない。現金のみだ。当然、現地では喜ばれる。カードはときどきシステムエラーを起こして使えなくなる。そんなまだまだ発展途上の国キューバは楽しい。

その後ハバナ旧市街にある葉巻屋巡りをはじめる。

「パラシオ・デ・アルテザニア」。海沿いにある私の大好きな青い建物。キューバ式ショッピングモール風の建物の中にある葉巻屋だ。ノッポのアレックスは、とても私に良くしてくれる。「コウキに紹介したい人がいる」とアレックス。葉巻屋の偉い奴でも紹介してくれるのかと思ったら彼の妻だった。一体、何人目の妻なのだろう。

休憩では世界でいちばんモヒートで有名な店で私も幾度となく通い詰めて

© Koki Takenaka

© Koki Takenaka

いる「ボデギータ・デル・メディオ」だ。

「パルケ・セントラル」のルーフトップバーが私の第二の拠点だ。本来は宿泊客以外は入れないが、私の場合はちょっと違う。入り口のセキュリティーからプールのバスタオル係まで、私の顔を覚えている。通い詰めて築いたコネクションを活用して、キューバン・ライフを楽しんでいる。

世界で一番有名なバー「フロリディータ」の隣にあるラム屋兼葉巻屋、その名も「フロリディータ」にも足を運ぶ。休憩はもちろん隣のバーだ。アーネスト・ヘミングウェイが通ったダイキリの銘店だ。

生前から伝説だった、キューバのカリスマ、フィデル・カストロにも葉巻を巻いたことがあるトルセドール・クエトのいるカバーニャ要塞のシガーショップにも行く。彼に真剣に葉巻を巻いてもらうのは至難の技だ。頼んでも普通に断られる。

そういう彼のスタンスを私は好む。**嫌なものは嫌だ、それでいいのだ。し**

かし美女に頼まれたらすぐ巻く。そこも好ましい。彼は美しい葉巻を巻く。葉巻の腕と生活態度が不釣り合いだが、天才は天才だ。彼の葉巻を吸いたいなら、いますぐキューバに行った方がよい。もうかなりの高齢だ。

私にとって**キューバは第二の故郷であり、主戦場である。**キューバで葉巻に携わる人々は私の大事なパートナーであり、戦友である。私はこれからもキューバに通い詰めるだろうし、キューバはいつも私を快く迎え入れてくれるのだ。

この本を制作している間にも、私は何度もキューバに足を運んでいる。それが私の人生だ。リアルな私をウォッチしていただくには、YouTubeチャンネルの生放送を見ていただくのが最適だ。もちろん店でもお待ちしている。

Chapter.3
Elegant Men.

［第三章］

人生を学ぶ。

一流の男たちとの交遊

私に葉巻を教えてくれた一流の男たち。

葉巻こそわが人生だ。

葉巻にはさまざまな個性が存在するが、それをたしなむ人々にも個性がある。

葉巻の味わいは私を魅了するが、それ以上に葉巻をめぐる人々の人生が私を夢中にさせる。私は葉巻を愛するが、それ以上に葉巻を愛する人々を愛する。

私を葉巻の世界に誘《いざな》ってくれた人の話をしよう。

その人は、誰もが知っているある大手流通チェーンで采配を振るった実力者。「銀座池田」時代から現在に至るまで、公私ともにお世話になっている恩人だ。彼は私に最初に葉巻を教えてくださった方だ。**当時、丁稚のバーテンダーだった私にとって、葉巻は相当高額なものだった。給料のほとんどを葉巻に投じていたが、それでも手が届かない葉巻はけっこうあった。そんな葉巻たちを私に勧めてくれたのが彼だ。**

葉巻は同じ銘柄でも個体差がある。一本吸っただけではその真価はわからないのだ。一本何万円もする葉巻を何本も勧めてくれるのだ。

「竹中君、これを吸ってみた方がいい」

また、こんな人もいた。

有名大学のスポーツチームの監督で、全日本のチームも率いた名将。もともと銀行出身の方だった。残念ながらもう他界されている。私は彼の個人ストックを店で管理させてもらっていた。**「竹中、一、二本、抜くなよ」**

なんて冗談をよく言われたが、私も彼に甘えていろいろ試させてもらった。

大手食品メーカーの代表を務めた方との交流も思い出深い。

私がはじめてシガー・サービスコンクールに優勝したとき、彼は店にお祝いのバラを持ってきてくれた。なんと100本だ。

真っ赤なバラの花束を受け取った。

「おめでとう、竹中。よく見ろ」

私は真っ赤な花束を見た。すると1本だけ白いバラが混じっている。

「おごるなよ、竹中」

彼は私にまだお前はパーフェクトな訳ではないぞと、私のことを祝福しながらも、私を諭してくれたのだ。

大手化学メーカーの会長だった方は、気さくで堂々として、それでいて、目の奥に鋭い眼光を宿した独特のオーラを放つ方だった。その方が銀座にお越しになると、いつも私を呼んでくださった。そして酒場で、みんなで必ず、

一流の葉巻人は、自分の道の探求をする男ではない。
葉巻を求めるひとにこその愉しさを広める男だ。

平和勝次とダークホースほかで有名な『宗右衛門町ブルース』を唄うのだった。まず私が唄い、最後に会長が唄う。それが習わしだった。「竹中君が葉巻をやっているんだったら、おれもやってみよう」

そう言って会長は私をかわいがってくれた。

総額300万円のワインを一夜で開けた夜。

思い出深いエピソードはまだまだある。

昔の銀座というのは、バーテンダーを厳しく査定するものだ。ここの店のバーテンダーはレベルが高いとか、いい仕事ができるなど鋭く評価が下される。

しかし、どんなサービスマンでもバーテンダーでもスタートラインはある。新人時代、修業時代を経て、いっぱしになっていくものだ。

ある家柄の高貴な経営者の方に、私はまだ力もなかった頃から、かわいがってもらって、育ててもらった経験がある。かつての銀座にはそういう懐の深い人がいた。**お客様がバーテンダーを見極め、こいつだと思った新人にお金をかけて育て上げる。いまでは、考えられない話かもしれないが、銀座とはそういう粋が息づいていた街だったのだ。**

当時の銀座のバーテンダーは当然だが、レベルが高かった。どこを突かれても穴のないようにすべての分野で平均以上のレベルを保持していた。しかし、知識や技術があっても、どうしても足りない部分が出てくる。それは「経験」だ。

若いバーテンダーには圧倒的に経験が足りない。経験とは、もちろん、飲んだ酒の経験だ。その方は私に言った。

「竹中、おまえはワインを覚えろ」

なにが飲んでみたいんだ、とその方は私に聞いた。

なにが飲みたいと言われても、駆け出しのバーテンダーがそんな方に、これが飲みたいなどと言うわけにはいかない。

そこで私は五大シャトーを飲んでみたいと申し出た。私はボルドー派で、ブルゴーニュより、ボルドーの方が好きだった。そこで僭越《せんえつ》ながらお願いした次第だ。

すると、その方は、**「竹中なあ、ワインの愉しみ方には、縦飲みと横飲みというものがあるんだよ」**とおっしゃった。

そしてシャトーマルゴーの1990年から5年分を縦飲み。さらに五大シャトー、つまり、ムートン、ラフィット、ラトゥール、マルゴー、オー・ブリオン。1990年のワイン5種を横飲み。これを私のために開けてくれたのだ。そこにいたのは、私と彼だけ。**女性はいない。女性のために見栄を張ってワインを開ける人はたくさんいるが、彼は私のためだけにそれらを開けてくれたのだ。**

「死ぬ気で覚えろ、ワインは舌でテロワールを感じるんだ」と彼は言った。

そのときの彼の会計は300万円近かった。こっちはもう必死だ。なにしろ、当時の私の月給は14万円程度。その私が一夜で総額300万円のワインを開けるわけだから。こちらとしてはもうその特徴を舌に刻み込むのに必死だった。私は葉巻もワインもウイスキーもひとつの表現の形であると考える。その表現するものを私は全神経を傾けて捉えようとした。

いまはなき、「キューバン・ダビドフ」という葉巻がある。ダビドフは現在、ドミニカでつくられている。1991年までは、いまはコイーバの工場である、エルラギート工場でつくられたものだ。「キューバン・ダビドフ」と呼ばれるのはそういう理由からだ。これは本書でも紹介する、私の愉しむ10本のひとつである（142ページ）。

彼の話はまだ続く。

葉巻の嗜好《しこう》には3つの方向性がある。伝統ある葉巻を好む**ビンテージ派、**

ファッションとして葉巻をたしなむ**ファッション派**、そして私もそのひとりである**フレッシュロール派**、つまり新作の良品を好むタイプだ。私はビンテージ派ではなく、フレッシュロール派であるが、ビンテージシガーでも、ストーリーのあるものは別格だ。キューバにあったころのダビドフなどそのあたりの葉巻は、上位コレクターが大量にストックしている。当然、価格は高い。彼はその「キューバン・ダビドフ」をひと箱、ロンドンで入手した。当時、数百万円はしたはずだ。その中の貴重な1本を私に手渡してくれたのだ。

余談になるが、そういうビンテージな葉巻は、大量にストックしていた人が亡くなって転売されるなどで、海外では自由相場で出回ったりすることがある。当時では、1本、10万、20万はしたはずだ。「キューバン・ダビドフ」は愛好者の中でも憧れの1本だ。その中でも王道中の王道、「ダビドフ・ドンペリニヨン」がそれだった。

H.UPMANN
HABANA
COHIBA

私は当時、薄給で、葉巻にすべてをつぎ込んで食うのにも困っているわけだ。**売るか吸うかで大いに悩んだ。**

しかし、結果として私は吸う。

だが、銀座で吸うわけにはいかない。銀座のバーで、ブランデーに合わせて、「ダビドフ・ドンペリニヨン」を吸っていたら、先輩になんと言われるかわからない。先輩たちに茶々をいれられるのも嫌だったし、お客様に会っても困る。葉巻とは本来孤高のものなのだ。ひとりで孤高に愉しむものだ。味わいをきちんと感じるためには、やはりひとりきりでなくてはならない。

私は新宿の京王プラザホテルのバーでそれを吸うことになる。

正直なところを言うと、もうわけもわからず夢中で吸った。

いまの私ならさまざまな側面から味わいを愉しむことができただろうが、なにしろ経験値が足りない。うまかったか、そうでなかったかを問われてもなんとも言えなかったのだ。

それでもその後、私はフィデル・カストロの料理人だったという人物と出会い、その男から「ダビドフ・ドンペリニヨン」を50本買った。

その50本はフィデル・カストロから直接贈呈されたものだというお墨付きだった。

本物か偽物かという判断は非常に難しい。

私はその男の話を聞きながら、その話の筋や紹介者の流れを追った。**そのストーリーは完璧だった。**仲介者は言った。

「竹中君、キューバン・ダビドフがいくらで取引されているかわからないが、竹中君の相場感に合うのであれば、それを言い値で買ってあげて欲しい」

要するに、まけてくれとは言うなということだ。

私は言い値で買った。そのダビドフはいま、私の手元にある。**15年の時を超えて、私はまた「ダビドフ・ドンペリニヨン」を味わうことになったのだ。**

粋な男たちと私をつないだ葉巻。

私が銀座で出会った一流の男たちは誰しも恰好よかった。私が飲むためだけのボトルを入れて帰っていく人もいた。みんな独特のダンディズムを持っていた。当時は、会計はすべて売り掛け。現金もカードもいらない。**手を上げるだけで、一流の男たちは好きな酒も葉巻も思う存分愉しむことができたのだ。**

世の中にはさまざまなフィールドで恰好いい人はいる。金がすべてとはいわない。だが、こと銀座においては、やはり経済力がものをいう。どれだけ金を粋に使うかでその人の力量が語られた。そんな男たちの目にとまるには、なにかにひときわ特化して輝いている必要があった。それが私にとっての葉巻なのだ。

私は葉巻によって彼らと交流できた。

葉巻そのものの魅力はさることながら、葉巻を通して、私はさまざまな人々と出会い、育ててもらった。**葉巻なくして、私の人生は存在しない。葉巻こそが私の人生そのものだ。**

CHAPTER.4
LIFE WITH CIGARS.

［第四章］
葉巻と生きる。
わが人生と葉巻

知識などなんの役にも立たない。

私はいま、「ハバナベガス」を運営するほか、ブログを書き、YouTubeに専用チャンネルを設け、生中継までやっている。

月に一度はキューバに飛びつつ、その合間になぜここまでさまざまな発信をするかといえば、それはひとえに**この愛しい葉巻という嗜みを広く若い人たちなどに伝えたいからだ。**

葉巻を広めるためには心得がある。いちばん大事なことがある。

それは**人の嗜好をとやかく言わないことだ。**

たくさん吸っている人が偉いとは思わない。たくさんの銘柄を知っているから偉いとも私は思っていない。経験とは積んでいくものである。経験は意欲と機会さえあれば誰でも手にすることができる。だから経験豊富な人が、経験の浅い人を小ばかにするような風潮はあり得ないと私は考える。

私自身は、キューバ産の葉巻しか認めていないし、キューバ以外の葉巻についてコメントはしない。ある意味、このフィールドの中では尖《とが》った存在だ。**私自身、葉巻のうんちくには興味がないし、そんなポイントで認められようなどとも思っていない。**だからズバズバものを言うし、なにも媚《こ》びたくない。

たとえ、金になる話でも自分が納得できないことはしたくない。それは私の不器用さでもあるのだが。金になるんだったら頭を下げればいいという風潮もあるが、私は迎合したくない。できるかぎりそれをしないで生きてきたつもりだ。ありがたい話だが、そんな私の姿勢に共感して、店を訪れる若者も増えてきた。

銀座を離れることになって、キューバに飛んだとき、まだ自分がもう一度バーを経営するとは夢にも思っていなかった。もうカクテルを作るつもりはないし、高いシャンパンを売る気もなかった。

私は葉巻一本で勝負したかったのだ。

世の中に数あるシガーバーは葉巻がメインではない。葉巻が吸えるだけのバーだ。

しかし、わがハバナベガスは葉巻しかない。そして葉巻を吸わないひとの入店を断っているのだ。

私だって、金に困ったことは何度もある。しかし、**魂を売ってまで、私の嗜好と合わないお客様に来てもらおうとは思っていない。**

私の考えに共鳴していただければ、どんな初心者だろうが私はあたたかく迎える。どこの業界でもそうだが、上級者が初心者を見下したり、先輩面する態度はいただけない。葉巻の知識や経験を突き詰めていく段階は、実は上級者ではなく中級者だと思っている。**ほんとうの上級者とは、その分野に入ってくる人たちを育成することに喜びを感じられる境地に達した人だと思うのだ。**

私自身、入門者として葉巻の道に入り、たくさんの人たちに育ててもらって、ここまで来た。だから、これからは入門者にどうやって手を差し伸べられるかが課題だ。

入門者を育ててこそ本物になれる。

たとえば、若い人たちが高くて手の届かない葉巻を融通してあげるとか、そのことで見返りを期待しない態度とか。私は損とか得とかを考えているわけではない。葉巻とは優雅な気持ちにさせてくれるものであり、心穏やかに生きていくためのアイテムである。**人生を愉しむためのものだから、そこに競争意識などを持ち込むのはナンセンスだ。あなたはなんのために葉巻を吸っているのだ。**

嗜好に正しい、正しくないなどは存在しない。だから、葉巻を手に取る人たちにはできるだけとっつきやすくしたいのだ。こうでなくてはならない、そういうのはおかしい、などといちいち目くじらを立てるのは間違った愉しみ方だ。もともと葉巻は日本の文化ではない。こんな島国で小さなことを言っていても、キューバに行けば、コテンパンにやられるかもしれない。イギリス、フランス、スペイン、ドイツなどのヨーロッパ諸国と比較しても、葉巻のカルチャーとしては、日本はまだまだ浅い。だからこそ、私は葉巻の間口を広げたい。

私は銀座で学んだ。私は一流のお客様たちのほとんどに言われたことがある。

「竹中、人の批判や悪口は絶対に言ってはいけない」

人の批判をしても男を下げるだけだ。

自分のことを悪く言うのはいい。ジョークとしての自虐は許せる。ただ、人のことはとやかく言ってはダメだ。

葉巻にしろなんにしろ、私たちは人生の途上を生きている。自分の道を究

［第四章］
葉巻と生きる。わが人生と葉巻

めたいなら、自分のことだけだ。自分のことに邁進《まいしん》していたら、振り返ったとき、自分の後ろを歩いている若い人たちがいた。私はそんな人たちの手助けがしたいのだ。

私は銀座でお世話になった財界のトップのご子息にいま、葉巻と酒についてアドバイスをしている。そしていろいろな店に連れていき、いろいろな酒や葉巻を愉しんでもらう。

私はご子息に常々言っている。**私に恩を返す必要はないよ、そのかわり自分の後を歩んでいる人たちにその経験を伝えて欲しい。君のお父さんが私にしてくれたように、と。**

おまえは元気でカウンターに立てばいい。

21歳で銀座の世界に飛び込み、必死でバーテンダーとして生きてきた。

さまざまな人との出会いがあり、銀座の一流のお客様に育ててもらった。その間、葉巻と出会い、私は葉巻一筋に歩んできた。

シガー・サービスコンクールに何度か挑み、優勝も手にした。

最初は1回きりだと思っていたキューバもすでに58回の渡航となった。

世話になった銀座で3軒の名門バーで修業して、人からは王道中の王道の血統と口にしてもらえるところまでやってきた。

私も実は銀座の店、3軒とも解雇されている。解雇されるに至ったいきさつはいろいろあるが、ひと言で言うと、私が若く未熟だったからに尽きるだろう。

解雇された私はすかさずキューバに飛んだのだが、そのときは、葉巻で生きていくことは疑わなかったが、途方に暮れていた部分もあった。

しかし、キューバでインターネットにつないでメールを確認したとき、私店をクビになったとキューバの葉巻屋連中に話した。

「これからはコウキの時代だ。クビなんてエキサイティングじゃないか!」とみんなが励ましてくれた。

キューバの連中とはそういう男たちなのだ。

は驚いた。

みなさんからの励ましのメッセージの数々。私はひとりではなかった。

そして、さらに驚くべきことに、帰国した私に待っていたのは、さまざまな方々からのご支援だった。

私を助けてくださった方々にお礼を言おうとすると、誰もが私の言葉を最後まで聞いてくれなかった。

「竹中、みなまで言うな。おまえが元気にカウンターの向こうに立っていてくれればそれだけでいい」

優しい言葉をかけてくれた人たちは、いまも私になんの見返りも要求しない。

私なりに葉巻を愛して生きてきた。不器用だが、そんな生き方を認めてくれる人々がいる。私にとってはこれ以上の財産はない。

私が歩んでいる葉巻の道は決して金になる道ではない。お世話になった人たちに利益をお返しすることは難しいかもしれない。しかし、**お客様たちもそんなことはみじんも思っていない粋な人たちだ。**私にできることは、お客様たちが喜んでくれる品質の高い葉巻を調達して、提供することだけだ。

だから、私は毎月、キューバに飛ぶ。身体もきついし、もう少し落ち着いた暮らしをしたいと思うときもある。それでも私はこれからもキューバを舞台にかけまわるだろう。それが私の選んだ道だから。

ギリギリを生きてこその人生。

私は私を支援してくれる人たちから聞いたことがある。

私が切り開いてきた道の先に、どんな世界が広がっているか、それを見たいと。

最近のビジネスパーソンは、「金より信用を買え」とよく言うが、はっきり言って、支援してくださった方々が私を信用しているかというとちょっと違うと思う。

みなさん一流の人たち。私とビジネスをしているわけではないのだ。彼らは愉しんでいるのだ。

銀座を駆け抜けてきて、さらに破天荒に羽目を外して突っ走る、私という「ゲーム」を観戦しているのだ。上等だと思う。それでいいし、私としてもそれが愉しい。

私は金を稼ぎたいわけでも、地位を築きたいわけでもない。

私が求めているもの、私に求められているものは、ギリギリを突っ走っているおもしろさだと理解している。私はそういう生き方しかできないし、それを恰好いいと感じている。

金と地位というものは、いわゆるポジション争いの戦いだ。より良いポジションを獲得するために、人は日々努力を重ねる。ある外資系企業の幹部のお客様が私に言った。

「竹中、がんばっていない人なんて世の中にいない」

私も私なりのスタンスでがんばっているのだろう。ところが、人生、人より努力したからといって、人より抜きん出られるかというとそうではない。だから、銀座に来るお客様は精神論を語らない。とても現実的だ。経済的に成功している人はみんな現実的な人だ。彼らの助言はときに私を励ましてくれる。

「竹中、努力は当たり前、報われないこともある。だから必要なのはチャン

Havana Club
E.M. Hemingway
RESTAURANTE
BAR

スを見抜く目だ」

自分のチャンス、ここぞというときに躊躇なく前に出られる自分でいたいと思う。

攻めるということは、守りを切り捨てることだから、当然、攻撃を受けることになる。

葉巻業界も同様だ。

この業界で一歩前に出ようとすれば、**既存の権威から攻撃も受けるし、批判にもさらされる。しかし、私は前に進むことをやめない。**

「つまらない男」には決してなってはいけない。

私はお客様には感謝している。だけど、こっちから来てくださいと頼んだりはしない。

私に共鳴してくれる人たちが店に来てくれればいい話だ。何らかの食い違いで来なくなったお客様に謝りにはいかない。離れたお客様は戻ってこない。これは恋愛と同じだ。もちろん反省はする。だが、後悔はしたくないのだ。私に落ち度があってお客様が来なくなったのなら頭は下げる心づもりでいる。ただ、もう一度、来てくださいとは言わない。

私のお客様や支援者は、私がどう跳ねていくのかを見てみたいのだ。

私が最もいわれたくない言葉を言っておく。

「竹中、おまえ、最近、つまんない男になったたな」

だから私はいつも攻めていたいし、成長していきたい。
私はもともとバーテンダーだったが、いま、カクテルはつくらない。
なぜかといえば、葉巻一本で攻めていきたいからだ。
それが潔いし、私の生きざまに似合っていると思う。

CHAPTER.5

MY FAVORITES.

［第五章］

葉巻と興じる。

極私的葉巻ガイド20本

私が愉しむ葉巻10本。

私が私自身のために選んだ特別な10本を紹介したい。

フレッシュロール派の私だが、ストーリーに惹かれて手にするビンテージシガーも少なくはない。美味ければ、それが私の正解なのだ。

H.アップマン サー・ウィンストン グラン・レゼルバ

**H.UPMANN
SIR WINSTON
GRAN RESERVA**

まさに比類なき、至高の逸品。H.アップマンらしく比較的軽めの味わいを残しつつ、しっかりと熟成した奥行きを得た喫感、これぞパーフェクトシガー。

オヨー・デ・モントレイー マラビョーソ

**HOYO DE MONTERREY
MARAVILLAS**

最大級サイズらしく、煙が豊かでありながらドローの良さが特徴。たとえるなら豊潤な女神のごとき一物。煙の向こうに「蒼き衣を纏いて金色の野に降りたつ」ナウシカの姿が見える。

私が愉しむ葉巻10本。

オヨー・デ・モントレイー ダブルコロナス グラン・レゼルバ

HOYO DE MONTERREY DOUBLE CORONAS GRAN RESERVA

2018年に発表されたばかりのグラン・レゼルバ最新作だ。爽やかな旨味が湧き出す、極上の泉のような新顔の登場に世界が沸いたが、残念ながら未発売（2019年8月現在）。

H. アップマン マグナム56　EL 2015

H.UPMANN MAGNUM 56 EDICION LIMITADA 2015

H. アップマン唯一のフルボディ。バランスを取りつつとても重い喫感だが、それでいてドローの良さが特徴。近年のリミターダでも特筆の逸品といえる。

H. アップマン No.2　レゼルバ

H. UPMANN NO.2 RESERVA

まさに Elegancia!　H. アップマンの良さを残しつつ爽やかさが加味された奇跡のバランス。奥深い味わいをストレスなく楽しみたい時はコイツ。

コイーバ タリスマン EL 2017

COHIBA TALISMÁN EDICION LIMITADA 2017

近年のリミターダでは、最も偽物が出回ったと言われる程の人気銘柄。コイーバらしい重厚な喫感ながらも、柔らかな口当たりは、まるで超熟ブランデーのような豊潤さだ。

オヨー・デ・モントレイー
エピキュア No.2
レゼルバ

HOYO DE MONTERREY
EPICURE NO.2 RESERVA

グラン・レゼルバでなく、あえてレゼルバをチョイスしたい。不完は時に完を凌駕する。この一本は「ミロのヴィーナス」の美を味わえる、手のひらサイズの芸術作品だ。

キューバン・ダビドフ
ドン・ペリニヨン

CUBAN DAVIDOFF
DOM PERIGNON

ビンテージシガーの雄であり、すべての葉巻吸いのあこがれ。キューバでつくられたのは1991年まで。経年による喫感の変化を頭の中で辿りながら愉しむ……それができる上級者向けアイテム。まさに至宝！滋味掬すべき一本。

私が愉しむ葉巻10本。

モンテ・クリスト A

MONTECRISTO A

長い！この巻き職人泣かせの異形サイズ（Length: 235mm ／ Ring: 18.65mm）は、単に奇をてらったものではない。ミディアムから始まりフルボディに着地するまで、変化する味わいを存分に愉しみたい。

コイーバ ロブスト　レゼルバ

COHIBA ROBUSTO RESERVA

フルボディのコイーバでありながら、爽やかさが加味された喫感。しばし青年期の輝きと香りにつつまれ、快楽に酔いしれる。そう、これは媚薬と心得よ。

私が推す葉巻10本。

読者のみなさんにぜひ知っておいていただきたいという視点で選んだ逸品を紹介していこう。

街のシガーショップではほぼ手に入らない超レア銘柄も含めて、多彩なシガーワールドを堪能してほしい。

ポール・ララニャガ ペティ・コロナス

POR LARRAÑAGA PETIT CORONAS

今回紹介する中で唯一のペティ・コロナサイズ。ドイツ人的と表現したくなる「質素な重み」が愉しめるシブい銘品。50本入りキャビネットだけの少量生産である。

H.アップマン サー・ウィンストン　チャーチル

H.UPMANN SIR WINSTON CHURCHILL

私のデイリーシガーも紹介したい。H.アップマンらしく重すぎず軽すぎず、最も落ち着くひと品だ。「美味さ」も大事だが「変わらなさ」で長くつきあえる白飯的な相棒。

私が推す葉巻10本。

ロメオ＆ジュリエッタ
チャーチル

**ROMEO Y JULIETA
CHURCHILL**

ウィンストン・チャーチルのデイリーシガー。ただし、彼の没後に商品化されたレプリカである。繊細な華やかさが人気の銘品。ウィスキーと合わせるなら、こちらがお薦め。

パルタガス
8.9.8　バーニッシュ

**PARTAGAS
8-9-8 VANISHED**

昔ながらの葉巻吸いに人気のフルボディだが、最近の若者にはイマイチ受けの悪い硬派な一本。バーニッシュとは「ニス引き」の意味。ニスの引かれた美しい木箱に８本／９本／８本と三段重ねで収まっているスタイルがそのまま名前になった。

ラモン・アロネス ジガンテス

RAMON ALLONES GIGANTES

最古のシガーブランドのひとつ、ラモン・アロネスの“巨人”は無骨である。コク深いフルボディからは、京の禅寺のごとき厳かさが滲み出ている。一本筋の通った大人のためのダブルコロナだ。

コイーバ ランセロス

COHIBA LANCEROS

フィデル・カストロのデイリーシガーであり、最初のコイーバ。1982年に市場に開放されるまでは、政府の外交ツールとして利用された。長い熟成期間を経ることで得る深くまろやかなアロマと、複雑な味わいが魅力のザ・レジェンド。

オヨー・デ・モントレイー ダブルコロナス

HOYO DE MONTERREY DOUBLE CORONAS

すべてのダブルコロナサイズの中で、最も気品を感じる麗しきひと品。ホヨーらしい軽い喫感に安っぽさは皆無。ダブルコロナの世界に凛と輝くプリンセスだ。

H. アップマン コネスールB

H.UPMANN CONNOSSIEUR B

La Casa del habano と Habanos Specialist のダブルネームが施されたスペシャル中のスペシャル。特筆すべき重量感だが、味わいはミディアムヘヴィー。味覚、嗅覚、視覚、触覚……五感が喜ぶ一本。

私が推す葉巻10本。

ベガス・ロバイナ ファモソス
VEGAS ROBAINA FAMOSOS

伝説の農園主、ロバイナ氏の名が冠された通好みな名作。牧歌的で穏やかな味わいはロバイナ氏のキャラクターにも通ずるものだ。モワッとした湿度を感じる喫感がクセになる。

トリニダッド フンダドレス
TRINIDAD FUNDADORES

コイーバ後継品として外交利用で使われたこの特別なシガーはコイーバの癖を消しつつも、シルキーでスムースな喫感が特徴。強い個性はないが、いいとこのお坊ちゃま的次男坊として人気だ。

PARTAGAS
CUABA
QUAI D'ORSAY
BOLIVAR
HABANA · CUBA
10 Soberano
La fumée du tabac contient plus de 70 substances cancérigènes

Chapter.6

Cigar Tips.

［第六章］

葉巻と出会う。

はじめての葉巻の嗜み方

葉巻の愉しみに正解などない。

葉巻というやつは吸って煙を飛ばすものではない。

自分の周りに煙をくゆらせるものだ。

煙の量を調整するのは難しい。吸い慣れた人は、口の中の煙量で葉巻のコクをコントロールしていく。辛いと思ったら、吸い方をゆるやかにしたりとか、もの足りないと思ったらガッツリ吸う、二度ぶかしする。

嗜好品の愉しみ方に正論はない。その人がそれでうまいと思っているなら、それが正解ともいえる。

私がここで紹介する所作も、私がうまいと思うやり方であり、これが正しいとは思っていない。

葉巻は一般的にいえば、敷居の高い、手の届かないものだという印象を持つ人は多い。

多くの初心者は、とかく身構えてしまい、葉巻を崇高な嗜好品だと思い込んでいる。

みんなネットやマニュアルを見て、知識で理論武装。

頭をいっぱいにして葉巻の世界に入ってくる。

しかし、それは根本的に間違っている。

繰り返し言うが、葉巻の吸い方に正解はないのだ。

次頁より、私の愉しみ方を紹介しよう。

これから葉巻の基本的な吸い方について紹介しよう。今回はコイーバのロブストを使って、説明する。

吸い口（ラベルのついているのに近い側）のほうをヘッド、火をつける方をフッドと呼ぶ。

まずは葉巻の状態の確認をしよう。手のひらに持ったときにしっとりとしたものを選ぼう。

香りを嗅ぐときは、多くの人がこのように嗅ぐ。しかしここは化粧葉である。

葉巻の味を決めるのは、フィラー（葉巻のいちばん内側）。ここを嗅ぐようにしたい。かび臭いのはよくない。

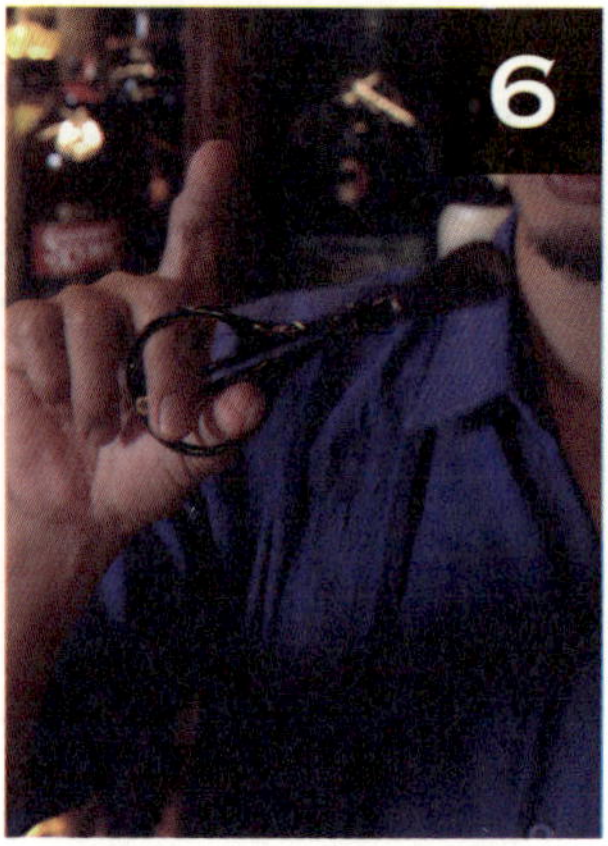

ではまず、ヘッドの部分をカットしよう。今回はシザータイプのフラットカットを使用する。

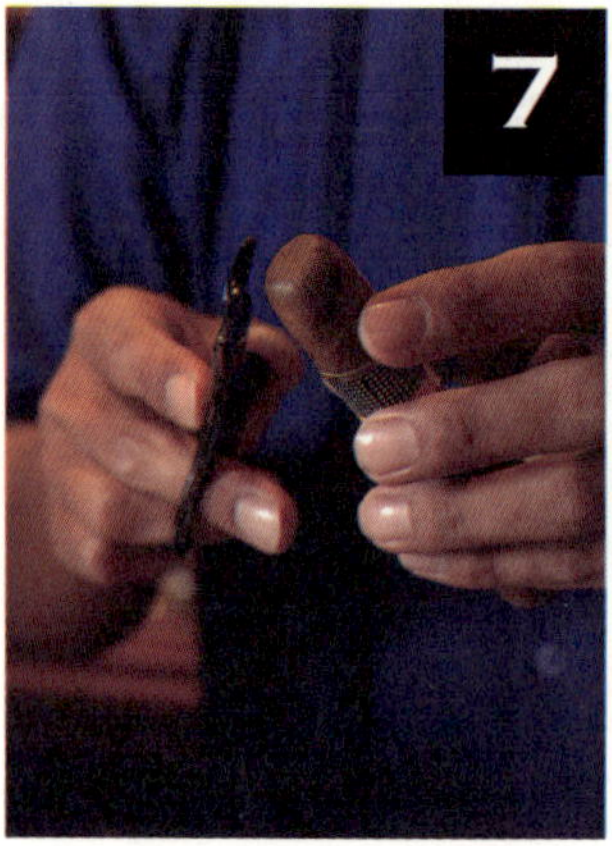

キューバシガーはキャップシール（封）が二重構造になっている。ここをカットするわけだ。

次にキャップシールの先端のカーブがはじまる部分に一度刃を入れてみよう。

私の場合、キャップシールを指で押さえる。指を傷つけないように配慮して刃を回す。

そしてキャップシールを絞り上げるように落とす（切り取る）。これで吸い口が完成する。

刃を入れたらすっとまっすぐに切る。ラッパーも割らないように気を配る。少し技術が要る。

カットした際に葉巻の中のフィラーが残るので、軽くトントンと叩いて落とす。

今回は短冊状に切った着火用のセドロ(スペイン産の杉の木)を使用。

葉巻用ライターを使用してセドロに火をつける。火を安定させるのに気を配る。

葉巻を回しながらゆっくり火をつけていく。火の中に葉巻を突っ込まないのがコツだ。

全体に火が白っぽく回っているのが完成形だ。腕を振り、火の回りを安定させる。

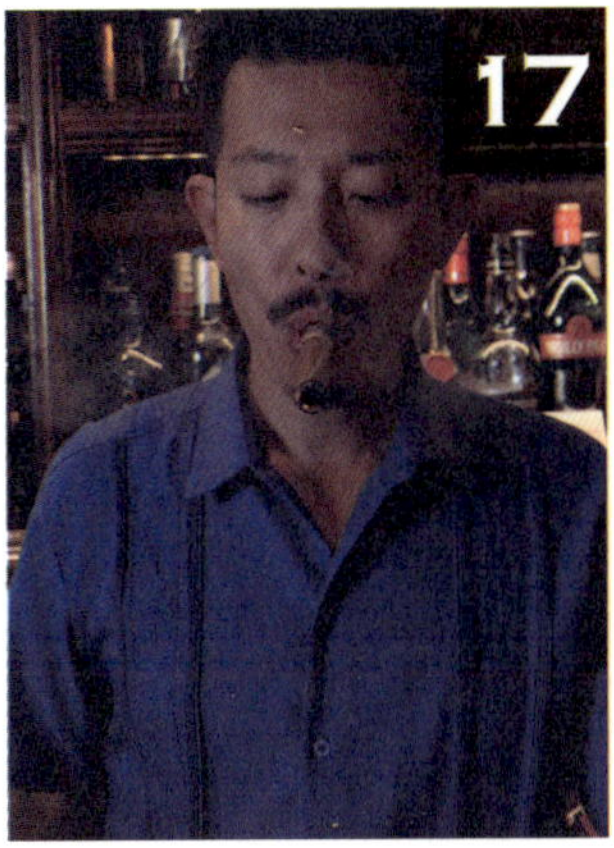

いよいよ吸ってみる。着火したら二度ぶかしして葉巻に火を入れる。

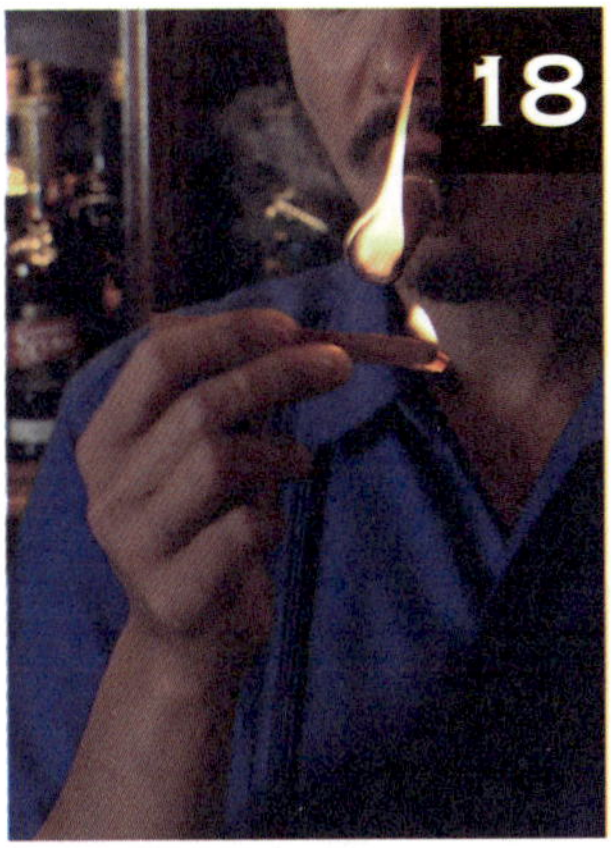

もし初心者で火が消えてしまいそうな場合は、セドロでもう一度着火する。

正面から見て、火が円形に見える状態なら上出来。完璧な仕上がりだ。

葉巻のヘッドを上げたり下げたりしない。水平に持つことで均等に火が回る。

21

葉巻の持ち方について述べておく。
男性は鉛筆を持つのと同じやり方
で持ちたい。

火が入ったら１～２分に一度吸う要領で楽しむ。煙は遠くに飛ばすのではなく、自分の周りに漂わせる。

まず一本。それがすべてだ。

いかがだっただろう。


ここで葉巻を嗜む上で、入り口のところで足踏みしない方法をひとつ。

どんな葉巻でもいい。まずは吸ってみて欲しい。


そこからすべてがはじまる。

いやそれがすべてだ。

私の店には特別な葉巻しかない。だから、私の店に来て吸わなくてもよい。

どんな種類でも、どんな価格帯でもかまわない。まずは吸ってみよう。ただし、キューバ産を試して欲しい。

できれば最初にいい物を吸えればそれに越したことはない。だが、こうしなければいけない、こうでなくてはならないなどと考える前に、とにかくキューバ産の葉巻に火をつければいい。

何本か吸ってみる。吸った後で、自分がどう振る舞えばいいかを考えてみてほしい。

「どうやって吸うんですか」と質問する前に、まずは一本だ。

吸ってから「どうしたらうまく吸えますか」の質問なら歓迎だ。

一本や二本吸ったところで、ほんとうにうまい葉巻と巡り会うとは限らない。私ですら何千本、何万本も吸ってきていまがある。

初心者も最初の一本をいかに無邪気に愉しむかで、葉巻の奥深さに気づいていくものだ。

Chapter.7

Habana Connection.

［第七章］

聖地に集う。

ハバナの極上シガーショップ一覧

ハバナで通う、大本命の20店。

私がハバナで仕入れに使う厳選20店を公開しよう。どこも私が親しくしている小粋なショップだ。ハバナを訪れたら、ぜひ足を運んで欲しい。きっと好みの一本に出会えるはずだ。

モロ要塞
Castillo de Los Tres Santos Reyes Magos del Morro
15
旧市街
HABANA VIEJA
16
カバーニャ要塞
Fortaleza de San Carlos de la Cabaña
20
革命博物館
Museo de la Revolución
14
中央公園
Parque Central
18
13
7
2
8
5
3
旧国会議事堂
Capitollo Nacional
フロリダ海峡
Estrecho de la Florida
1
17
10
日本大使館
Embajada del Japón
11
ミラマル地区
MIRAMAR
19

伝説のトルセドール、
マリアとベガスロバイナの息子
カルロス・ロバイナがいる店。

1

La Casa del Habano
5ta y 16

ラ・カーサ・デル・ハバノ
5ta y 16

［地区］
Playa, Miramar
［住所］
5ta Avenida No1407 esq a 16
［電話番号］
+53 7 2047973

ビエバ広場の途中、
小ぶりで
立ち寄りやすい店。

2

La Casa del Habano
Mercaderes

ラ・カーサ・デル・ハバノ
メルカデレス

［地区］
Habana, Vieja
［住所］
Calle Mercaderes No120
entre Obispo y Obrapia
［電話番号］
+53 7 25047973

4

La Casa del Habano
Hotel Nacional de Cuba

ラ・カーサ・デル・ハバノ
ホテル・ナショナル・デ・キューバ

[地区]
Vedado

[住所]
Calle 21 entre O y H

[電話番号]
+53 7-8363536

**中庭からの景観良し。
ホテルの地下の
在庫が豊富なショップ。**

3

La Casa del Habano
Valencia

ラ・カーサ・デル・ハバノ
バレンシア

[地区]
Habana, Vieja

[住所]
Calle Oficions No154
y Obrapia

[電話番号]
+53 7 8608560

**サンフランシスコ広場。
ホテルバレンシアの隣、
かわいい葉巻屋。**

5

La Casa del Habano
Conde de villanueva

ラ・カーサ・デル・ハバノ
コンデ・デ・ヴィラヌエバ

［地区］
Habana, Vieja
［住所］
Calle Mercaderes No202
entre Ranparia y Amargura
［電話番号］
+53 7 8012293

我がベストプレイス！
トップ・トルセドールで盟友、
レイナルド・ゴンサレス
親子の店。

なぜかいつも
特別な葉巻がバラ売りに!
バラ要注意!?

6

La Casa del Habano
Tryp Habana Libre

ラ・カーサ・デル・ハバノ
トリップ・ハバナ・リブレ

［地区］
Vedado

［住所］
Calle L entre 23 y25

［電話番号］
+53 7 8346100

フロリディータの隣。
ハバナでいちばん
最初に開く葉巻屋。

7

La Casa del Habano
Tabaco y Ron

ラ・カーサ・デル・ハバノ
タバコ y ロン

［地区］
Habana, Vieja

［住所］
Calle Obispo
entre Bernaza y Monserrate

［電話番号］
+51 7 8668911

8

La Casa del Habano
Partagas

ラ・カーサ・デル・ハバノ
パルタガス

[地区]
Centro Habana

[住所]
Calle Industria
entre Balcerona y Dragones

[電話番号]
+53 7 8737076

**旧パルタガス工場の跡地。
女ボスのグレシアが
取り仕切る。**

9

La Casa del Habano
Melia Cohiba

ラ・カーサ・デル・ハバノ
メリア・コイーバ

[地区]
Vedado

[住所]
Calle Paseo entre 1ra y 3ra

[電話番号]
+53 7 8333636

**メリアコイーバの２階、
ラウンド型のショーケースに
目を奪われる。**

10

La Casa del Habano
Melia Habana

ラ・カーサ・デル
メリア・ハバナ

［地区］
Playa, Myramar
［住所］
Calle 3ra entre 78 y80
［電話番号］
+53 7 2048500

人気トルセドール、ヨランダ在籍。売れすぎで品薄感あり。

11

La Casa del Habano
Club Habana

ラ・カーサ・デル・ハバノ
クラブ・ハバナ

［地区］
Playa, Flores
［住所］
5ta Avenida entre 188 y 192
［電話番号］
+53 7 2750100

ハバナの最果て。コロニアル建築にショップ。ウォークインヒュミドール寒し。

12

La Casa del Habano

Hotel Habana Riviera

ラ・カーサ・デル・ハバノ
ホテル・ハバナ・リビエラ

[地区]
Vedado

[住所]
Calle Malecon y Paseo

[電話番号]
+53 7 8364051

革命以前は
有名なマフィアが経営。
良質な掘り出し物あり。

13

La Casa del Habano

Gran Hotel Manzana Kempinski Cohiba Atmosphere

ラ・カーサ・デル・ハバノ
グランホテル・マンザナ・ケンピンスキー
コイーバ・アトモスフィア

[地区]
Habana Vieja

[住所]
Calle San Rafael
entre Monserrrate y Zulueta

[電話番号]
+53 7 8699100

5つ星ホテル内のショップ。
アイテム量も豊富。
価格高め。

14

La Casa del Habano Palacio de la Artesanía

ラ・カーサ・デル・ハバノ
パラシオ・デ・ラ・アルテザーニア

［地区］
Habana, Vieja
［住所］
Calle Cuba No64
［電話番号］
+53 7 8016272

ひときわ目立つモール内に。ノッポのアレックスと、トルセドールのクララがお出迎え。

15

La Casa del Habano
Faro

ラ・カーサ・デル・ハバノ
ファロ

［地区］
Morro

［住所］
Fortaleza de Morro

［電話番号］
+53 7 7911060

1940年代の要塞の中に。
重厚感あり。
景観がハバナ的。

16

La Casa del Habano
La Triada

ラ・カーサ・デル・ハバノ
ラ・トリアーダ

［地区］
La Cabaña

［住所］
Fortaleza de San Carlos de la Cabaña

［電話番号］
+53 7 7911064

フィデル・カストロに
葉巻を巻いた
トルセドール・クエトの店。

ハバナ最大の
ショッピング街に隣接。
小ぶりだが、趣のある店。

17

La Casa del Habano
Hotel Comodro

ラ・カーサ・デル・ハバノ
ホテル・コモドロ

[地区]
Playa MIramar
[住所]
Avenida 3Ra y Calle 84
[電話番号]
+53 7 2045551 (ex: 1272)

私のベストホテル内にある、
テンション高めの
リデアが待つ店。

18

La Casa del Habano
Parque Central

ラ・カーサ・デル・ハバノ
パルケ・セントラル

[地区]
Habana Vieja
[住所]
Calle Neptuno entre
Prado y Zulueta
[電話番号]
+53 7 866627

在庫数ハバナ最大級。
アレック、ロレンツォ、テレサが歓迎！
やや遠い。

19

La Casa del Habano
Hotel Palco

ラ・カーサ・デル・ハバノ
ホテル・パルコ

［地区］
Playa, Siboney

［住所］
Calle 146 centre 11 y 13

［電話番号］
+53 7 2047235

キューバらしい外観。
静けさのあるロビー。
中心地から近い好位置に。

20

La Casa del Habano
Hotel Sevilla

ラ・カーサ・デル・ハバノ
ホテル・セビリア

［地区］
Habana Vieja

［住所］
Calle Trocadero No55

［電話番号］
+53 7 8608560

P.170-180 Photo © Koki Takenaka

Chapter.8

Enjoy Habana More.

［第八章］

知恵を分け合う。

ハバナの葉巻と旅と酒と

© Kamira / shutterstock.com

PART.1

極上の悦楽が待つ地、キューバ。

めくるめく陶酔があなたを呼んでいる。コロンブス曰《いわ》く「人類が目にした最も美しい地」。最上級のキューバン・ラムがヘミングウェイを酔わせ、ハバナ産の葉巻をチャーチルは死ぬまで離さなかった。歴史に翻弄されながらも独特の文化が息づく「カリブの真珠」だ。

POINT 1

真っ青なビーチで吸う葉巻をお愉しみあれ。

キューバは、北アメリカ、フロリダ半島の南方、約145キロメートルに位置する。西インド諸島中最大の島であるキューバ島とその周辺の島からなる、中南米で唯一の社会主義国だ。ご存じのように、1902年、アメリカから独立。主要産業は観光、海外への医師派遣の他、もちろん、砂糖きびとタバコだ。

キューバ島は、カリブ海と北大西洋とのあいだに位置する。ジャマイカ島、イスパニョーラ島、プエルトリコ島とともに大アンティル諸島を形成する。東西の最長距離は1255キロメートル、南北の幅は平均97キロメートル。海岸線は3735キロメートルに及ぶ。

海岸線は珊瑚礁とマングローブで縁取られ、白砂の海浜は280を数え、複雑に入り組んだ入り江が多く

の良港となっている。まぶしいビーチには私もいつもお世話になっている。真っ青な海を眺めての葉巻は最高の愉しみだ。

山岳地帯は全体の４分の1、平均標高が91メートルを下回る平らな島で、ほとんどが平地あるいは、なだらかな丘陵地帯からなっているが、東南部では山岳地帯がある。

海洋に囲まれた環境と、ゆるやかな北東の貿易風が、キューバを穏やかな熱帯気候に包んでいる。乾期（11月から4月）と雨期（5月から10月）とに分かれていて、年間平均気温は約25度。冬は21度、夏は27度となり、常夏の島だ。いつ訪れても、日本人には暑いわけだ。

POINT 2

キューバの歴史について、少々お勉強を。

少し歴史についても触れておく。19世紀に入りスペインからの独立運動が高まった。1868年の第一次独立戦争、1895年の第二次独立戦争を経て、1898年の米西戦争のアメリカの勝利の産物として、形だけの独立を与えられることになるが、事実上はアメリカの軍政支配下での独立であった。

1902年には共和国成立となる。アメリカ覇権主義の名の下に行われたアメリカ資本の経済支配は腐敗政治を生んだ。その後のバチスタ政権の圧政はカストロによる革命を起こす要因ともなる。

1959年にカストロ、チェ・ゲバラに率いられた革命軍がバチスタ政権を倒し革命政府を樹立。

農地改革、主要産業の国有化等でアメリカ資本からの脱却を狙うが、これが元で両国の関係は悪化、社会主義路線を歩み始める。大国の狭間で必然的に冷戦構造に組み込まれ、後に起こるミサイル危機（1962年）等に発展。革命当初は工業化促進を掲げるが、東欧の社会主義諸国との経済相互関係で砂糖中心のモノカルチャー経済へ逆戻りする。

70年代の世界的砂糖の高騰で経済的、政治的にも安定した。

しかし1991年ソ連崩壊以降、突然それまでの経済構造が崩れる。対外貿易の80%をソ連を中心にした東欧諸国に依存していたキューバとしてはひとたまりもなかった。それに加え革命以降続くアメリカのキューバに対する経済、貿易封鎖も東欧の社会主義諸国の消滅に乗じカストロ政権転覆を狙って激しさを増し、深刻な物資不足に見舞われた。『平時における非常時』とカストロ首相は革命後最大の経済危機をそう称した。

この危機的状況を打破するため、外貨保有の合法化、外国投資法の整備、主要産業の観光への移行などで、徐々に経済危機が解消され95年には経済成長率が10%近くまで達した。

２０００年代に入り、海外との経済協力が盛んに行われるようになるが、革命を率いてきたフィデル・カストロが２００８年に病気で引退。後継者となった弟のラウル・カストロは社会主義堅持には社会・経済の近代化が不可欠であると提唱、２０１１年から改革に着手。

そんな折、２０１６年に55年間米国と途絶えていた国交がオバマ大統領の対話政策により回復。現在、ラウル・カストロも引退し、革命後世代が国の舵取りを担っている。残念ながらトランプ大統領が着任してから、一部共和党議員の対キューバ強行政策に押され正常化へのプロセスが停滞している。

POINT 3

葉巻ファンの王道のルートとは。

最高級の品質を誇るキューバン・シガー。葉巻工場見学、ショップめぐりなど、葉巻ファンにはたまらない一日を過ごせる。葉巻と相性のいいラム酒の専門店や、ハバナクラブの「博物館」見学もおすすめだ。毎年2月なら、収穫期でもあり、葉巻のコンベンションが行われ、工場だけではなく、畑なども見学できる。もちろん、葉巻ショップでのお買い物は法悦の極み。

POINT 4

ゲバラファンに。

20世紀の革命・ゲリラ兵士、チェ・ゲバラ。彼の生き方に共感、憧れる人も多いだろう。近年、映画も公開されファンも増えた。

ハバナ市内、革命広場。内務省の壁にベレー帽のゲバラの姿が。新市街の中心に位置。ホセ・マルティの像、その後ろにある塔はホセ・マルティ記念博物館。最上階まで上ることができ、星型になった建物がよくわかる。最上階からの眺めはハバナの街がどのようになっているか良くわかる。日本の方向に矢印でJAPONとかかれている。

第一ゲバラ邸宅はカバーニャ要塞に隣接。革命政権樹立後、ゲバラの第一邸宅だった。館内には主に写真が展示されている。革命博物館は旧市街のプラド通りにあるスペイン・コロニアル様式の立派な建物。館内には革命に関する写真、資料、武器などが展示されていて革命の様子が良くわかる。一部英語の説明もあるがほとんどスペイン語で記載されている。裏手の広場には戦車と革命軍がメキシコからキューバに密航したヨット「グランマ号」がある。

7月26日モンカダ兵営博物館は、サンティアゴデクーバにある、キューバ革命の火蓋を切った歴史的な場所。現在は博物館となっており、館内にはカストロとラウルの武隊がとった襲撃の経路やメンバーの写真などが展示されている。壁に弾丸の跡が残っている。

サンタ・クララは、チェ・ゲバラ縁《ゆかり》の地。キューバへ来たゲバラファンがここをはずすわけにはいかない。サンタ・クララの革命広場にはチェ・ゲバラの巨大な銅像が建っている。その下に博物館、ゲバラの納骨堂がある。銅像はゲバラ没後20周年である、1987年に造られた。銅像の横にはカストロに宛てた「別れの手紙」の彫刻などもある。没後30周年の1997年に、ボリビアで発掘されたゲバラの遺骨がキューバに返還されこの納骨堂に収められた。博物

館には革命戦争時のサンタ・クララの戦いの様子、チェ・ゲバラの人生が紹介されている。納骨堂の奥に、遺骨返還時にカストロ議長が点火した「永遠の火」が小さく燃えている。

装甲列車襲撃記念碑（サンタ・クララ）。1958年12月29日、ゲリラ部隊が装甲列車に奇襲をかけ、政府軍が投降した。貨車の中に襲撃当時の機関銃や火炎瓶などの兵器が展示され、博物館のようになっている。キューバ現代美術を象徴するような前衛的な記念碑が建っている。

カピーロの丘（サンタ・クララ）には、コミテ・プロビンシアルという役所の前にチェ・ゲバラが子供を抱いた等身大の銅像がある。

革命軍が戦略拠点にした場所のひとつだ。

FAQ 1 キューバに行くには？

日本からはキューバへの直行便がなく、現在はエアカナダがトロント、アエロメヒコ航空がメキシコシティの同日乗り継ぎで首都ハバナに到着できる。

私はいつもトロント経由。キューバ専門の旅行代理店・トラベルボデギータなら、航空券と航空会社、経由地についてなどの相談に乗ってくれる。

FAQ 2 現地での貨幣と手続きなど

公用語はスペイン語。ホテルのフロントや、空港等では、英語が通じる。買い物や数字などある程度のスペイン語は、覚えておくと良い。通貨はペソ。観光客はペソコンベルティブレ（キューバ兌換ペソ＝CUC）を使用する。日本円は街中の一部の銀行、両替所(CADECA)で両替が可能だ。空港でも日本円の両替ができる。ユーロ、カナダドルは空港・ホテルなど比較的簡単に両替できる。USDも両替可能だが、10%の手数料がかかる。兌換紙幣はキューバを出るときに米ドルやユーロに両替できる（コインは不可)。兌換ペソからドルへの両替の場合、10%の手数料はかからない。観光客がキューバ人民ペソを持つ必要はあまりない。

クレジットカードは、ビザ、マスター等が使える（アメックスは不可)。

観光目的で30日以内の滞在であれば、パスポートのほかに、『ツーリストカード』が必要となる。『ツーリストカード』は、キューバ大使館で申請できるが、トラベルボデギータなどの旅行代理店でも代行申請を行っているので便利だ。出発国での海外旅行保険（医療保険をカバーするもの）の加入が義務付けられている。

FAQ 3 治安と身分証

治安についても言っておく。中南米地方の中では比較的良いが、人気のないところや夜間の一人歩きは極力避けたい。ホテルからの外出の際には、パスポート携帯の必要はないが、代わりにコピーを携帯した方が安心。クレジットカードを使用する場合や両替の際はパスポートの提示を求められる場合がある。

協力：有限会社トラベルボデギータ　https://www.travelbodeguita.com

PART.2

私が薦める、葉巻にあうキューバンラム1本。

葉巻に相性のいい酒といえば、間違いなくラムだ。その中でも、抜群にマッチするラムを一本紹介しよう。

その名も、「ハバナクラブ ユニオン」。コイーバと完璧なマッチングが楽しめるラムとして開発された。お勧めは、シグロVIとの組み合わせだ。もちろんそのまろやかな味わいにより、コイーバだけでなく、好みの葉巻とのマッチングを楽しめる。

キューバ文化に深く根づいている、ふたつの重要なアイテムであるキューバンラムと葉巻。ともにキューバの肥沃な大地から生まれ、似通った伝統的な製造技法によって基づいてつくられる。

ラムが幾度もブレンドと熟成の工程を経て、ラムマエストロによってのみ製造されるのと同様に、葉巻は、異なる収穫年や特徴の葉から、シガーマエストロの手によってのみ生み出される。

「ハバナクラブ ユニオン」は歴史をともにするラグジュアリーラムとキューバンシ

ガーの運命的なマリアージュによりできた逸品といえる。
キューバで最も著名なシガーソムリエと言われる、フェルナンド・フェルナンデス・ミリアンとコラボレーション。ハバナクラブのラムマエストロ、アスベル・モラレスが永い年月を重ねて熟成された稀少なスピリッツをブレンドして完成させた。ふたりのマエストロのクラフトマンシップ、技術、伝統により、長く豊かな時を経て生まれた一本だ。葉巻にあわせる酒に迷ったら、ぜひこいつを味わって欲しい。

Havana Club Unión

葉巻との完璧なマリアージュのために作られたスーパープレミアム・ラム。

［香り］
オーク、シトラス、ココナッツ、ドライフルーツ、コーヒーのスモークとのバランスが取れた強く芳醇なアロマ。

［あじわい］
バニラ、チョコレート、ドライフルーツのアクセントのついた柔らかな木の香り。

［フィニッシュ］
大変豊かな香りのフィニッシュ。

ハバナクラブ ユニオン
ラム（原産地：キューバ）

- アルコール度数：40%
- 容量：700ml
- 希望小売価格：40,000円（外税）

協力：ペルノ・リカール・ジャパン株式会社
http://www.pernod-ricard-japan.com

PART.3

主要葉巻銘柄 販売価格リスト。

私の取引するハバナ・ルートから入手した現地の葉巻の価格を公開する。これからかの地を訪れるであろう、読者のみなさんに捧げたい。このリストを手にして、いざ、ハバナへ、飛び立て！

※1キューバ兌換ペソ(cuc)を110円で算出(2019/9/6現在)。

	銘柄	日本販売価格［円］	キューバ販売価格［円(cuc)］
	【コイーバ】		
1	ベイケ52	4,730	2,431 (22.1)
2	ベイケ54	6,200	3,212 (29.2)
3	ベイケ56	7,100	3,498 (31.8)
4	ピラミデエクストラ	5,610	2,321 (21.1)
5	コロナスエスペシャル	3,400	1,397 (12.7)
6	エスプレンディトス	5,350	2,530 (23)
7	ランセロス	3,970	1,749 (15.9)
8	ロブストス	3,950	1,645 (14.95)
9	エクスクイジトス	2,360	869 (7.9)
10	パナテラス	1,930	710 (6.45)
11	マデューロ5ジニオス	6,050	2,079 (18.9)
12	マデューロ5マジコス	4,850	1,870 (17)
13	マデューロ5セクレトス	2,580	930 (8.45)
14	シグロI	2,160	759 (6.9)
15	シグロII	2,850	1,007 (9.15)
16	シグロIII	3,200	1,359 (12.35)
17	シグロIV	3,540	1,425 (12.95)

18	シグロV	4,180	1,969（17.9）
19	シグロVI	3,540	2,255（20.5）
20	タリスマン 2017	14,000	3,641（33.1）

【ロメオ＆ジュリエッタ】			
1	ロメオ No.1	1,720	484（4.4）
2	ロメオ No.2	1,520	429（3.9）
3	ロメオ No.3	1,420	413（3.75）
4	ワイドチャーチル	2,700	825（7.5）
5	ペティチャーチル	2,030	638（5.8）
6	ショートチャーチル	2,080	765（6.95）
7	チャーチル	3,240	1,172（10.65）
8	カプレトス 2016	4,400	1,452（13.2）
9	ピラミデス アネハドス	6,000	1,238（11.25）
10	タコス 2018	5,000	1,342（12.2）
11	チャーチルグランリゼルバ	11,000	2,852（25.9）

【モンテクリスト】			
1	イーグル	3,040	1,095（9.95）
2	エドムンド	2,550	941（8.55）
3	ペティエドムンド	1,880	770（7）
4	ダブルエドムンド	3,750	1,067（9.7）
5	マスター	2,530	902（8.2）
6	No.1	2,230	919（8.35）
7	No.3	1,830	792（7.2）

	銘柄	日本販売価格［円］	キューバ販売価格［円(cuc)］
【モンテクリスト】			
8	No.4	1,620	611 (5.55)
9	No.5	1,520	495 (4.5)
10	チャーチルズアネハドス	6,500	1,474 (13.4)
11	80AV	9,000	1,771 (16.1)

【オヨー・デ・モントレイー】			
1	エピキュアNo.2	2,230	770 (7)
2	エピキュアNo.2キャビネット	2,530	825 (7.5)
3	エピキュアNo.2エスペシャル	3,040	946 (8.6)
4	エピキュアNo.1	3,040	814 (7.4)
5	サンファンSLB	3,980	1,073 (9.75)
6	ペティロブスト	1,640	638 (5.8)
7	エレガンテスLCDH	3,600	770 (7)
8	エピキュアNo.2エスペシャル(20本)	6,000	1,991 (18.1)
9	アネハドス ヘルモソロスNo.4	4,000	946 (8.6)
10	マラビョーソBOOK 2015 *1	―――	91,960 (836)
11	ダブルコロナス50キャビネット	3,700	1,254 (11.4)

＊1）1箱20本入りの箱売りのみ。価格は一箱での値段。ただし日本では未発売。

【H.アップマン】			
1	コネスールA	3,500	897 (8.15)
2	マグナム50	3,340	1,023 (9.3)
3	マグナム46	2,500	858 (7.8)
4	マグナム56 2015	6,500	1,518 (13.8)

5	ハーフコロナ	920	308（2.8）
6	コネスール No.1	1,930	693（6.3）
7	ロイヤルロブスト	2,100	820（7.45）
8	マグナム 54	2,800	880（8）
9	コロナスメジャー	1,520	435（3.95）
10	ロブストアネハドス	3,520	946（8.6）
11	コネスール B	3,700	1,056（9.6）
12	サーウインストン	3,540	1,456（13.24）
13	No.2	2,540	897（8.15）
14	サーウインストングランリゼルバ	15,000	2,613（23.75）
15	アンティカヒュミドールエプレモス No.2 2014 ＊2	800,000	216,920（1,972）

＊2）1箱50本入りの箱売りのみ。価格は一箱での値段。

【パルタガス】			
1	8-9-8 バーニッシュ	2,630	990（9）
2	ルシタニアス	3,850	1,249（11.35）
3	コロナスシニア	1,420	440（4）
4	キュールブラー	3,400	572（5.2）
5	コロナゴルダアネハドス	4,800	1,078（9.8）
6	セリー D No.4	2,330	765（6.95）
7	セリー D No.5	2,030	677（6.15）
8	セリー P No.2	2,540	902（8.2）
9	セリー E No.2	2,530	930（8.45）
10	サロモネス LCDH	4,600	1,183（10.75）

	銘柄	日本販売価格 [円]	キューバ販売価格 [円(cuc)]
【パンチ】			
1	パンチパンチ キャビネット	2,500	858 (7.8)
2	ダブルコロナ	3,400	1,199 (10.9)
3	48LCDH	3,560	913 (8.3)
4	レジオス デ パンチ 2017 リミターダ	3,200	1,089 (9.9)

【トリニダッド】			
1	レイエス	2,320	506 (4.6)
2	コロニアレス	3,670	726 (6.6)
3	フンダドレス	4,830	1,119 (10.9)
4	ビヒア	4,580	913 (8.3)
5	トペス 2016 リミテッド	4,500	1,474 (13.4)
6	トロバ LCDH	6,500	1,650 (15)

【ベガスロバイナ】			
1	ファモソス	1,930	594 (5.4)
2	ウニコス	2,640	798 (7.25)

【ファンロペス】			
1	セクレト No.2	2,730	666 (6.05)
2	セクレト No.1	2,500	710 (6.45)

【ケドルセ】			
1	No.50	1,900	528（4.8）
2	No.54	2,600	726（6.6）

【ボリバー】			
1	ベリコソフィノス	2,330	842（7.65）
2	ロイヤルコロナス	2,030	693（6.3）
3	ソベラノ 2018	4,900	1,342（12.2）

※表内表示価格は１本あたりの単価。
※キューバの葉巻を日本国内に持ち込む場合は、関税及びたばこ税、たばこ特別税、消費税が別途かかる。
関税はおよそ30万円まで旅具通関、およそ30万円以上が業務通関と呼ばれ、キューバの場合はともに16%。

詳細は東京税関ホームページ http://www.customs.go.jp/tokyo/

最後に――

孤高の嗜み、優雅な愉しみ。

私の突拍子もない半生と、葉巻にまつわる想いについて語った。ここまでおつきあいいただいた読者のみなさまにお礼を伝えたい。

私はヒットは打てない男だ。**打席に立つなら、三振かホームランだ。**まあデッドボールもさんざん食らってきた男でもあるが。至るところにかすり傷を受けてきつつも、どうにかここまでやってきた。それもこれも、私の懐には、常に葉巻という武器がおさまっていたからだ。

本文中にも述べたが、葉巻というものは、本来、孤高のたしなみだ。みんなでワイワイと愉しむものではない。**私が葉巻によって、最高の快楽を得られるのは、いつも独りのときだ。**葉巻はスパスパと吸ったり吐いたりするものではない。**優美な香りで自分の空間をつくり出す所作であり、寛ぎである。**

要するに、あなたが優雅でゴージャスな気分になれればそれが最高の愉しみ方なのだ。ガイドブックを読みあさるのもいいが、まずは一本、火をつけてみてもらいたい。

あなたを包み込む煙はおそらく神のごとき荘厳さを放つはずだ。

本書をつくるにあたり、長年私を支えてきてくれた支援者やファンの皆様に感謝しつつ、そろそろ筆を擱《お》きたい。

2019年10月　竹中光毅

私はこの先、どこに向かうのか――。

終着点はわからない。
どう流れていくかなど、考えたこともないし、考える必要もない。
私は今日をただ突っ走るだけだ。
だが、ただひとつ言えることは、

「私が葉巻をとてつもなく好きだ」ということ。

それだけが真実だ。

竹中光毅（たけなか・こうき）

1979年、岐阜県出身。

銀座の老舗バー「銀座池田」を経て、2014年まで銀座の「ハートマングループ」にてトップバーテンダーとして活躍。のち独立し、シガーとキューバ文化を広めるため、同年に西麻布に会員制シガーバー兼シガーショップ「ハバナベガス」をオープン。2008年のシガー・サービスコンクールで優勝した、日本一のシガー・エン・コンセイエ。

YouTubeチャンネル「HABANA VEGAS［ハバナベガス］」を運営、ブログ「キューバ葉巻旅」を執筆中。

https://kouki50927.hatenablog.jp/

葉巻の美学

2019年11月10日　初版発行

著者　竹中光毅
発行者　太田 宏
発行所　フォレスト出版株式会社
〒162-0824 東京都新宿区揚場町 2-18 白宝ビル 5F
電話　03-5229-5750（営業）　03-5229-5757（編集）
http://www.forestpub.co.jp

印刷・製本　中央精版印刷株式会社

装画　Terry Johnson
本文イラスト　浅妻健司
写真　斎藤 泉
ブックデザイン　土屋 光（Perfect Vacuum）

編集　塚越雅之（TIDY）

乱丁・落丁本はお取替えいたします。
ISBN978-4-86680-058-5　